LAYOUT DESIGN

新世纪高职高专艺术设计类课程规划教材

微课版

版式设计

新世纪高职高专教材编审委员会 组编

王丽岩　胡水堂　崔馨月　主编

大连理工大学出版社

图书在版编目(CIP)数据

版式设计 / 王丽岩, 胡水堂, 崔馨月主编. -- 大连：大连理工大学出版社, 2021.10
新世纪高职高专艺术设计类课程规划教材
ISBN 978-7-5685-3183-2

Ⅰ.①版… Ⅱ.①王… ②胡… ③崔… Ⅲ.①版式—设计—高等职业教育—教材 Ⅳ.①TS881

中国版本图书馆CIP数据核字(2021)第194406号

大连理工大学出版社出版
地址：大连市软件园路80号 邮政编码：116023
发行：0411-84708842 邮购：0411-84708943 传真：0411-84701466
E-mail: dutp@dutp.cn URL: http://dutp.dlut.edu.cn
大连图腾彩色印刷有限公司印刷　　大连理工大学出版社发行

幅面尺寸:240 mm × 225 mm　　印张: 15　　字数: 292 千字
2021年10月第1版　　　　　　　　2021年10月第1次印刷

责任编辑：马　双　　　　　　　　　　责任校对：李　红
封面设计：对岸书影

ISBN 978-7-5685-3183-2　　　　　　　　　　　定价：69.80 元

本书如有印装质量问题，请与我社发行部联系更换。

前　言

　　版式设计是一种设计语言，它作为视觉传达设计的重要手段，不仅丰富了视觉传达的艺术表现形式，提高了人们的阅读速度，加深了人们对信息的理解和记忆，还提高了人们对设计的视觉审美要求。版式设计与我们的日常生活有着非常紧密的联系，版式设计人才也愈发受到社会的重视。因此，掌握这门专业技能对于一名合格的设计师来讲至关重要。

　　版式设计是视觉传达设计专业的专业基础课，是设计活动中的重要组成部分，一直被广泛应用于报纸、杂志、书籍、广告、包装和网页等各个平面设计领域。版式设计不是单纯的技术编排，它要求艺术性、功能性和技术性的高度统一。当我们从事版式设计工作时，要注重编排的表现技法与风格倾向，避免盲目地排列与组合要素，从而使创作的主题思想更加鲜明。

　　本教材内容包括认识版式设计、文字——编排、图形——创意、色彩——搭配、构图——布局五个单元。先集中阐述了版式设计的基础理论知识，然后通过对各设计方向版式设计作品的详细分析，使学生更快掌握版式设计的基础技巧，提高视觉表现能力。教材中对版式设计的案例列举广泛，分析透彻，保证让学生学到的知识点实用而精彩，进而创作出新颖别致、独具特色的版式设计作品。

　　本教材通过理论联系实际的方法，使学生具备构图排版的基本设计能力，并在实践环节中加深学生对版面编排重要性的认知，培养学生运用视觉语言的表达能力、空间构成能力、形式美创造能力，进一步丰富学生的设计思维，提高审美的判断能力和综合实践能力。

　　在注重技术与审美培养的同时，要求学生立足于中国传统文化，结合国际化的视野，吸纳世界各民族的优秀文化元素，充分发挥学生最宝贵的原创性与创新性，引导学生懂得设计是为生活而设计，同时懂得设计也是为社会大众服务的一种责任。

　　编者结合了多年的版式设计教学和实践，透过精心选取的真实设计案例，从全新的角度对版式设计及其创作手法进行了解析。教材中提供了许多不同类型的版式设计实践和技巧，通过设计实践解析方法，增强学生分析问题、解决问题的能力，挖掘学生的潜力，使本教材既具有前瞻的理论价值，又具有积极的现实意义。

本教材提供了丰富的数字化教学资源，包括课程标准、教学设计方案、PPT课件、微课视频、设计素材等，可登录职教数字化服务平台下载（http://sve.dutpbook.com）。

本教材主要针对版式设计的初学者而编写。教材内容讲解清晰，语言通俗易懂，案例讲解到位，赏析的案例选择有针对性。衷心希望本教材可以为教师、学生、设计师等相关人员提供积极有效的帮助。由于编者学识和资料所限，教材中疏漏之处恳请不吝指教匡正。

编 者

2021年10月

所有意见和建议请发往：dutpgz@163.com

欢迎访问职教数字化服务平台：http://sve.dutpbook.com

联系电话：0411-84706671 84707492

目 录

单元一　认识版式设计

知 识 讲 解

1.1　版式设计的概念 2
1.2　版式设计的意义 3
1.3　版式设计的基本原理 4
　　1.3.1　根据内容进行版面的编排 ... 4
　　1.3.2　根据版面调整版面率 4
　　1.3.3　调整视觉元素的设置顺序 ... 6
1.4　版式设计的流程 8
　　1.4.1　单向视觉流程 8
　　1.4.2　重心视觉流程 9
　　1.4.3　反复视觉流程 10
　　1.4.4　导向性视觉流程 11
　　1.4.5　散点视觉流程 11
1.5　版式设计的基本程序 12

项 目 实 战

名片版式设计 13

实 践 技 巧

技巧1　Photoshop排版技巧 18
技巧2　Illustrator排版技巧 20

拓 展 训 练

任务1　设计名片 24
任务2　设计邀请函 24

单元二　文字——编排

知 识 讲 解

2.1　文字的发展历史 26
　　2.1.1　结绳记事 26
　　2.1.2　楔形文字 27
　　2.1.3　拉丁字母 27
　　2.1.4　汉字 28
2.2　文字的创意 30
　　2.2.1　文字创意的原则 30
　　2.2.2　文字创意的方法 34
2.3　文字的编排 36
　　2.3.1　文字基本常识 36
　　2.3.2　文字编排的基本形式 40

项 目 实 战

项目1　书籍版式设计 42

项目2　书籍设计的要点 44
项目3　书籍设计鉴赏 46
项目4　书籍设计项目实战 50

实践技巧

技巧1　字体的选择（以书籍设计为例）......... 53
技巧2　标题文字的应用（以广告设计为例）...... 54
技巧3　汉字与英文的搭配 56

拓展训练

任务1　设计书籍封面 57
任务2　设计活动海报 57

单元三　图形——创意

知识讲解

3.1　图形的发展历史 60
　　3.1.1　图形起源的三个历史阶段 60
　　3.1.2　图形发展的三次重大革命 60
3.2　图形的创意 60
　　3.2.1　图形创意的原则 61
　　3.2.2　图形创意的方法 61
3.3　图片的编排规则 65
　　3.3.1　挑选图片 66
　　3.3.2　运用图片进行多种组合 66
　　3.3.3　通过强调的重点来安排图片 67
　　3.3.4　根据图片的外形进行合理编排 67
　　3.3.5　对图片中的动势及方向性的考虑 ... 68
　　3.3.6　对图片位置关系的考虑 70
　　3.3.7　图片与文字的恰当配置 72
　　3.3.8　图片排列的关系 73
3.4　图形在版式设计中的应用 73
　　3.4.1　图形的简洁性 74
　　3.4.2　图形的夸张性 74
　　3.4.3　图形的具象性 75
　　3.4.4　图形的抽象性 76
　　3.4.5　图形的文字性 76
　　3.4.6　图形的符号性 77

项目实战

项目1　招贴版式设计 79
项目2　招贴设计的要点 81
项目3　招贴设计鉴赏 84
项目4　招贴设计项目实战 86

实践技巧

技巧1　图片的最佳裁剪方法 89
技巧2　图片软件处理技巧 94
技巧3　图片与文字的搭配 100
技巧4　解除图片的各种限制 102

拓展训练

编排设计画册 104

单元四　色彩——搭配

知识讲解

4.1　色彩的基础知识 ... 106
　4.1.1　无彩色系 ... 106
　4.1.2　有彩色系 ... 107
4.2　色彩在版式设计中的应用 ... 108
　4.2.1　再现主题的真实性 ... 108
　4.2.2　使版式的主题具有注目性 ... 108
　4.2.3　使整体版式具有陶冶性 ... 109
　4.2.4　使版式的主题具有提示性 ... 110

项目实战

包装版式设计 ... 111

实践技巧

色彩搭配技巧 ... 118

拓展训练

选择地方传统特色美食进行包装设计 ... 127

单元五　构图——布局

知识讲解

5.1　版式设计构图元素 ... 129
　5.1.1　版式设计中的"点" ... 129
　5.1.2　版式设计中的"线" ... 130
　5.1.3　版面设计中的"面" ... 131
5.2　版式设计构成法则 ... 132
　5.2.1　选择开本 ... 132
　5.2.2　版面率的调整 ... 133
　5.2.3　版式的构图 ... 135
　5.2.4　版式构图的原则 ... 139
　5.2.5　构图样式的选择与调整 ... 140
　5.2.6　版面的调整 ... 140
5.3　版式设计与网格 ... 141
　5.3.1　网格的概念 ... 141
　5.3.2　网格系统的分类 ... 141
　5.3.3　网格系统的建立方法 ... 144
　5.3.4　网格系统的设计技巧 ... 146

项目实战

界面版式设计 ... 148

实践技巧

技巧1　方格坐标制图 ... 150
技巧2　版面的条理性 ... 151

拓展训练

任务1　设计公益招贴 ... 156
任务2　设计商业广告 ... 156

参考文献 ... 157

附　录

微课清单

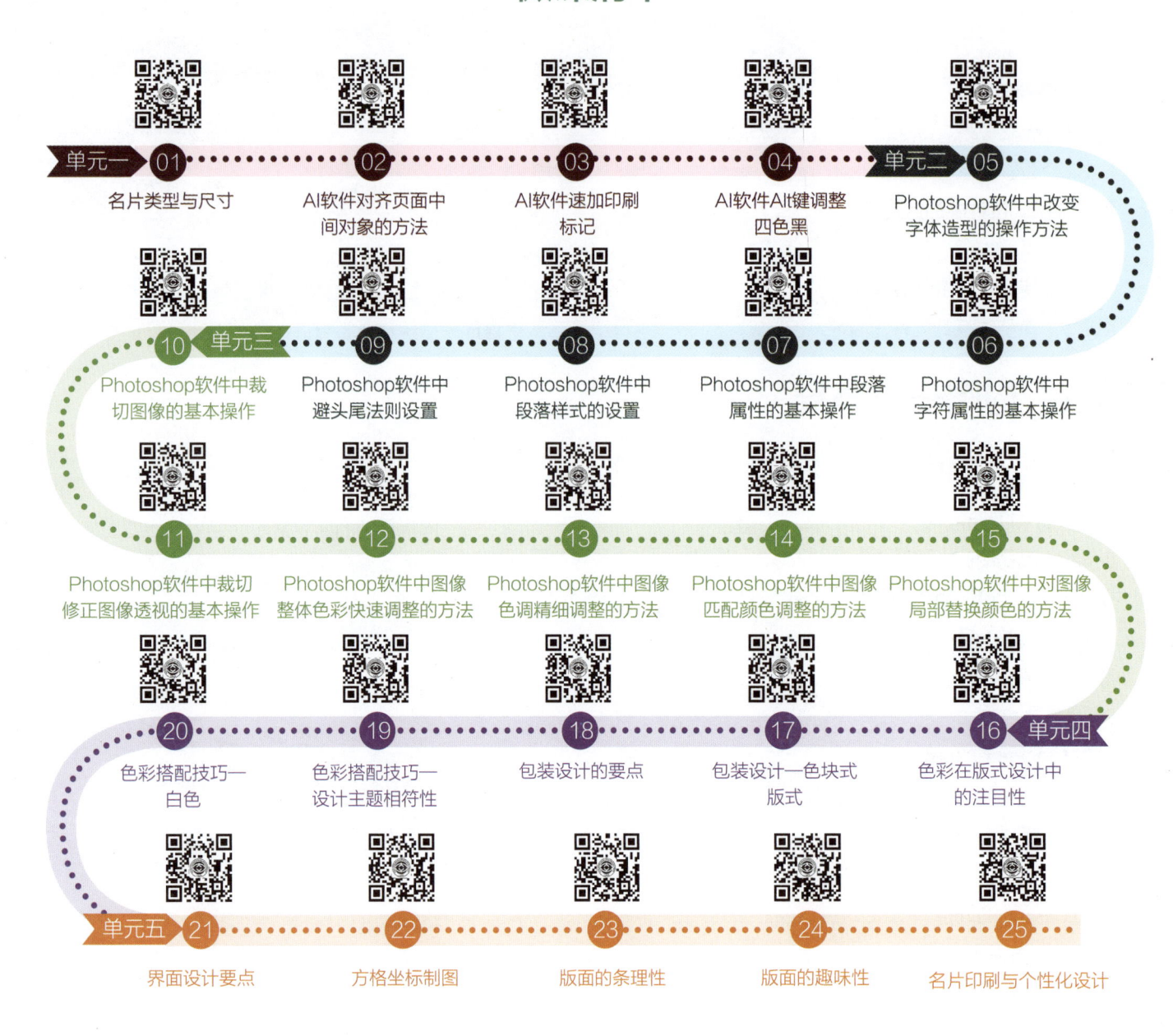

单元一
- 01 名片类型与尺寸
- 02 AI软件对齐页面中间对象的方法
- 03 AI软件速加印刷标记
- 04 AI软件Alt键调整四色黑

单元二
- 05 Photoshop软件中改变字体造型的操作方法
- 06 Photoshop软件中字符属性的基本操作
- 07 Photoshop软件中段落属性的基本操作
- 08 Photoshop软件中段落样式的设置
- 09 Photoshop软件中避头尾法则设置

单元三
- 10 Photoshop软件中裁切图像的基本操作
- 11 Photoshop软件中裁切修正图像透视的基本操作
- 12 Photoshop软件中图像整体色彩快速调整的方法
- 13 Photoshop软件中图像色调精细调整的方法
- 14 Photoshop软件中图像匹配颜色调整的方法
- 15 Photoshop软件中对图像局部替换颜色的方法

单元四
- 16 色彩在版式设计中的注目性
- 17 包装设计—色块式版式
- 18 包装设计的要点
- 19 色彩搭配技巧—设计主题相符性
- 20 色彩搭配技巧—白色

单元五
- 21 界面设计要点
- 22 方格坐标制图
- 23 版面的条理性
- 24 版面的趣味性
- 25 名片印刷与个性化设计

单元一

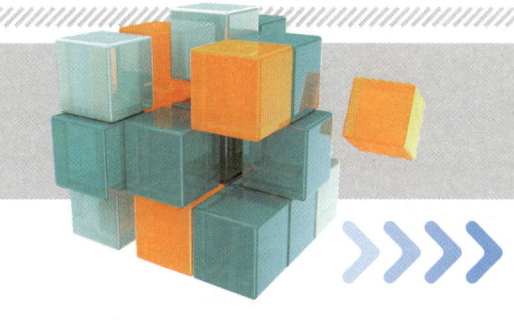

认识版式设计

理论目标：掌握版式设计的基本概念以及设计原理。

实践重点：掌握名片的设计常识并完成名片命题作业。

职业素养：要求学生掌握版式设计基础知识，对版式设计相关术语做到熟学精用。通过拓展训练中的任务教学，增加学生对传统手工艺匠人的认识，了解中国传统手工艺相关知识，以润物细无声的形式渗透中国传统文化教育。

知识讲解

版式设计是指设计人员根据设计主题和视觉需求，在预先设定的有限版面内，运用造型要素和形式原则，根据特定主题与内容的需要，将文字、图片(图形)及色彩等视觉传达信息要素进行有组织、有目的的排列组合的设计行为与过程。

版式设计是一门相对独立的平面设计艺术，主要研究平面设计的视觉语言和艺术风格。版式设计是一切平面设计展现的基本形式，也是平面设计专业学生必备的专业能力及素质。版式设计是现代设计艺术的重要组成部分，是视觉传达的重要手段。表面上看，它是一种关于编排的学问；实际上，它不仅仅是一种技能，更实现了技术与艺术的高度统一。版式设计是现代设计者所必备的基本功之一。

1.1 版式设计的概念

版面，指报纸、书籍等的整页。

版式，指报纸、书籍等的版面设计格式。

版面强调页面的尺寸、规格、范围，而版式则更多强调设计风格及编排样式。

所谓版式设计，就是将视觉元素在版面上进行有效的排列组合，将理性的思维个性化地表现出来。它是一种具有个人风格和艺术特色的视觉传达方式，在传达信息的同时，也展现了感官上的美感。版式设计涉及报纸、刊物、书籍（画册）、产品样本、挂历、招贴画、唱片封套和网页页面等平面设计的各个领域，如图1-1、图1-2所示为包装设计和商业广告的版面编排效果。

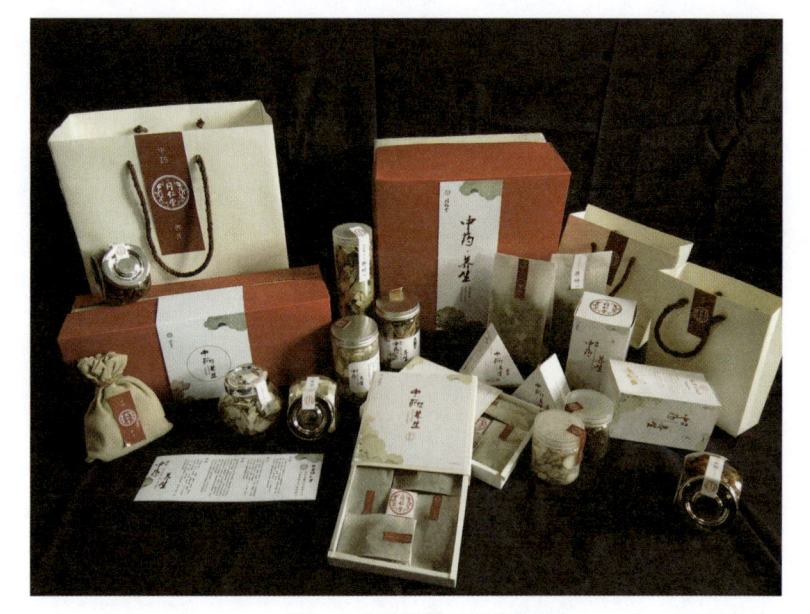

图1-1 包装设计（学生作品）

设计、招贴海报设计、网页设计中，还是在包装设计、企业形象设计中，它都发挥着不可替代的作用。在讲求跨界设计的学科融合背景下，掌握版式设计的方法变得愈加重要。

版式设计的意义就是通过合理的空间视觉元素来最大限度地发挥表现力，以突出版面的主题，并以版面特有的艺术感染力来吸引观者目光，合理的编排使视觉元素具有较强的表现力，如图 1-3 所示。

图 1-2 舒尔佳商业广告

1.2 版式设计的意义

在版式设计的构成要素中，无论是结构要素还是信息要素，都是视觉传达中不可缺少的重要部分。版式设计将各种视觉元素结合起来，是各元素之间的"调和剂"，不管是在书籍装帧

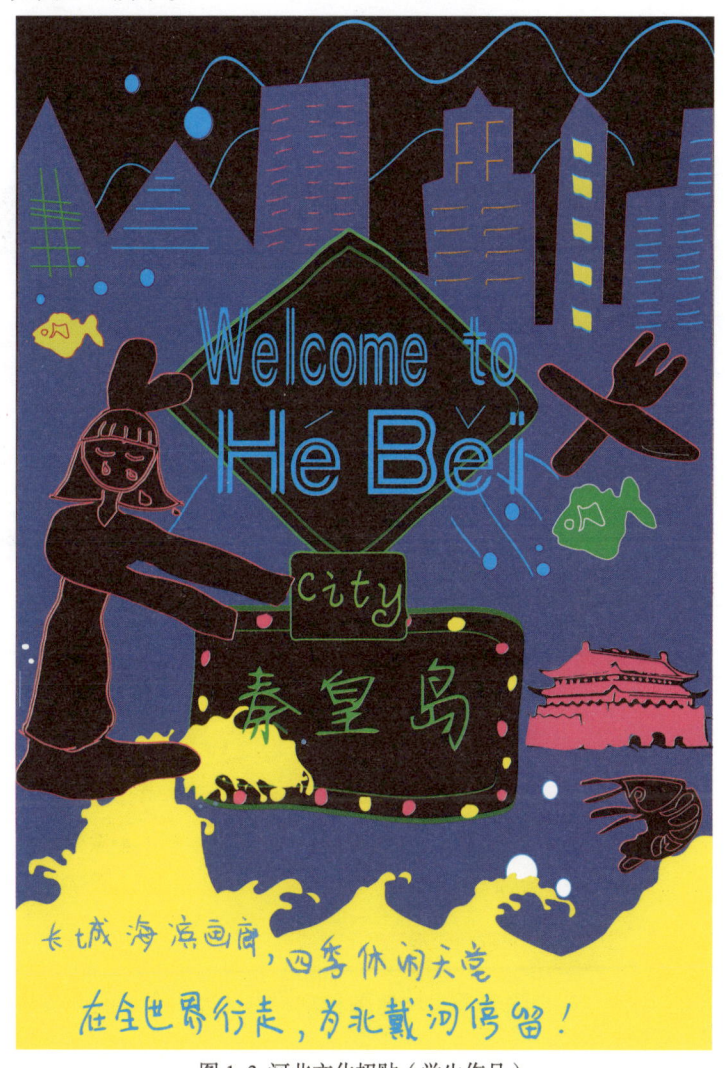

图 1-3 河北文化招贴（学生作品）

单元一 认识版式设计

3

1.3 版式设计的基本原理

版式设计就是将版面中的各种构成元素作为彼此的参照物以及对比的依据,从而进行有效的设置和调整。

1.3.1 根据内容进行版面的编排

在进行版式设计时,首先要明确设计的主要内容,再根据主要内容来确定版面的风格和结构。针对不同的内容,版式设计会有很大差别。如图1-4所示的系列书籍封面设计,运用了较为简洁的版式,用色块划分区域并对书名进行突出显示,其巧妙之处在于对背景素材的选择和排版,增强了书籍内容的特色呈现。

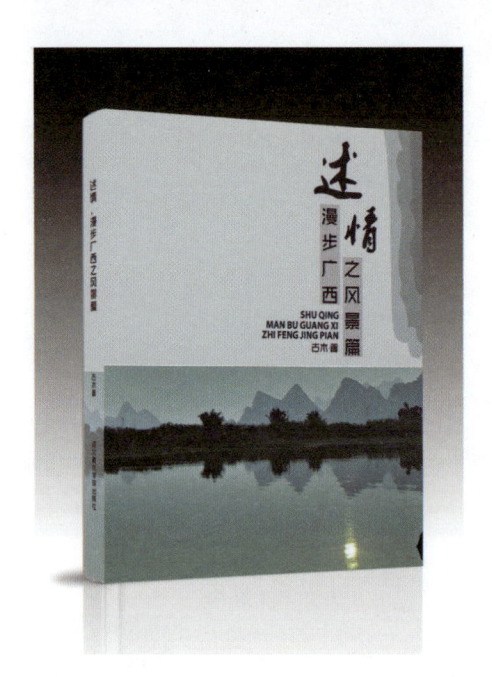

图1-4 系列书籍封面设计(学生作品)

1.3.2 根据版面调整版面率

版心:就是除去天头、地脚和左、右页边距余下的区域,也是页面内容的摆放空间。如图1-5所示的灰色块区域就是各页面的版心。

版面率：就是版心所占页面的比例，通俗来讲就是页面的利用率。

满版：就是没有天头、地脚与左、右页边距，此时版心即整个页面，版面利用率为100%。

空版：就是版面利用率为0。从满版到空版，版面率是递减的关系。

现出截然不同的效果。

如图1-6所示的喜迎冬奥招贴中，画面运用了留白设计，少量的文字信息搭配大面积的白空间，与晴朗的天空形成对比，呈现出神清气爽、呼吸畅快的感觉。

如图1-7所示的豫见郑州招贴中，借北斗星的表现形式将北宋皇陵地点连线作为画面主体，四周大量留白，虽字体粗重但字号较小，主体突出，识别率高。

图1-5 版面

版面率能够影响版面的风格，所以在实际工作中要根据项目的风格分配合适的版面率。例如：针对典雅风格的项目，设计者就要用低版面率的版面，因为高版面率显然是与项目本身的风格相悖的。页面四周的留白量对于页面版式的安排有非常重要的影响，即使是同样的图文，也会因为不同的版面率而呈

图1-6 喜迎冬奥招贴（学生作品）

如图1-8所示的鸡尾酒主题广告中，最引人注目的是鱼的姿态，观者会随着鱼的跳跃动作进行广告内容的阅读，画面的编排做到了线性引导阅读，成功地将信息传达给受众。如图1-9所示的京剧元素概念包装中，利用鲜明的色彩作为焦点，整个版面鲜艳夺目，能在最短的时间内吸引受众关注，尤其是大面积的京剧脸谱使产品的外包装在鲜明色彩中体现出浓郁的民族文化特色。

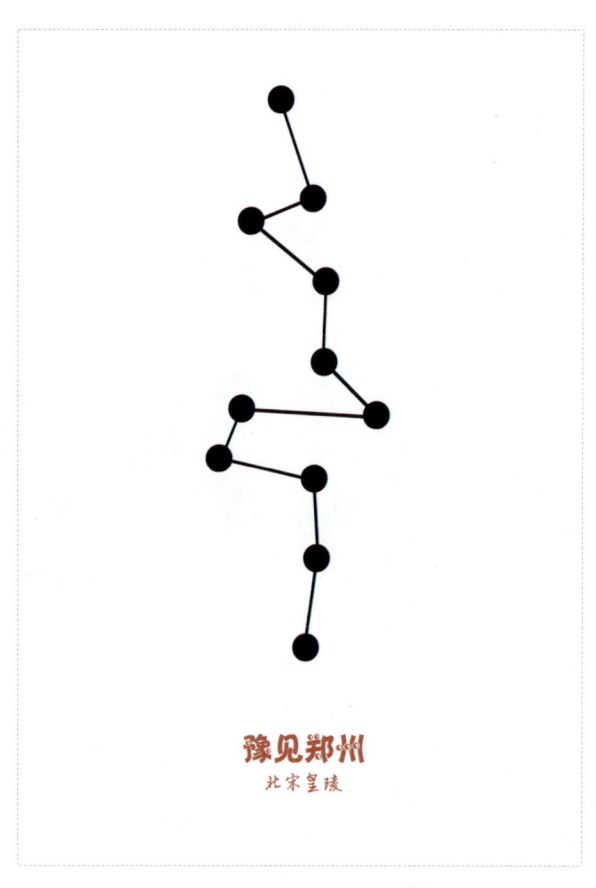

图1-7 豫见郑州招贴（学生作品）

1.3.3 调整视觉元素的设置顺序

平面设计元素是有先后顺序的，合理的顺序安排能够引导观者更容易看懂设计所要表达的主题，每个元素的大小、色彩、形态等都会影响整体的顺序。

设计调整版面中各元素的主次关系，是突出主题和引导观者的有效方法。人们在阅读过程中印象最为深刻的往往是版面中面积最大、色彩最鲜明，或者造型独特的元素。相同的元素在排版处理时可以利用这些方法，使其在视觉上产生不同的效果。

图1-8 鸡尾酒主题广告（学生作品）

图 1-9 京剧元素概念包装（学生作品）

单元一　认识版式设计

7

1.4 版式设计的流程

因为人的视觉感受是随着视线的移动而逐步变化的,所以版式设计需按照一定的视觉流程来编排设计元素,让观者按照一定的顺序来观察、感知设计。版面设计的视觉流程就是视线随着元素在版面空间沿着一定的轨迹运动的过程。

1.4.1 单向视觉流程

平面设计需要有一定的顺序和主次来引导观者的视觉走向,这通常需要符合人的视觉习惯。单向视觉流程是按照常规的视觉流程规律来引导观者的视觉走向的,主要分以下三种类型:

斜线式视觉流程:主要视线在左上角与右下角之间,画面具有不稳定性,视觉冲击力较强,如图 1-10 所示。

竖线式视觉流程:主要视线是纵向的,给人简洁、有力、稳固的视觉感受,如图 1-11 所示。

横线式视觉流程:主要视线是水平方向的,给人安静、温和、惬意的视觉感受,如图 1-12 所示。

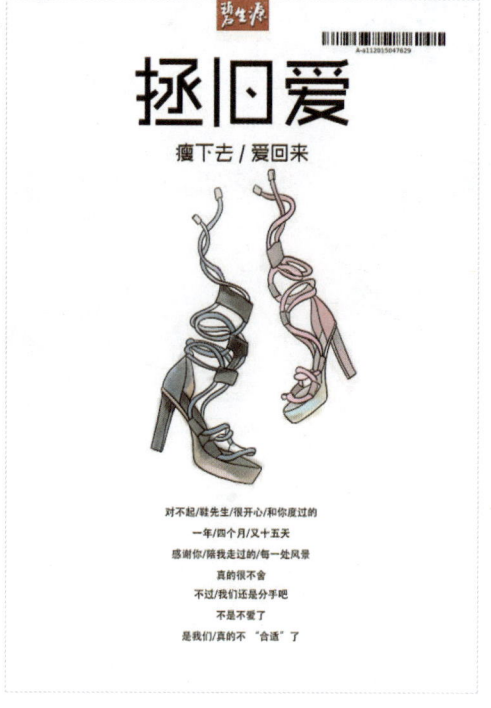

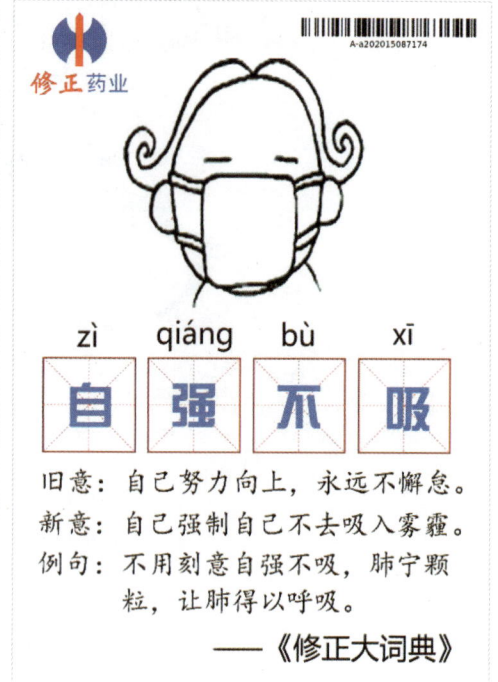

图 1-10 纯（学院奖获奖作品）

图 1-11 拯旧爱（学院奖获奖作品）

图 1-12 自强不吸（学院奖获奖作品）

1.4.2 重心视觉流程

人们在观看一个版面时,视线最终停留的位置就是视觉重心。视觉重心能够稳定版面,给人安心的感觉,当它处在版面中的不同位置时,会给人不同的感受。中分线处的视觉重心使得画面稳重、平和,偏左或偏右的视觉重心引导受众按顺序进行阅读。

如图1-13所示的画面,运用偏离的视觉重心引导阅读,版面一侧的卡通人物是整个版面的视觉重心,近似圆形的杯子顶面又进一步固定了版面的视觉重心,并将受众的视线引向下方或上方的文字和产品。

图1-13 活出敢性(学院奖获奖作品)

1.4.3 反复视觉流程

反复视觉流程是指让相同或相似的元素重复出现在画面中，形成一定的重复感。这样的排列方式使较为单一的图形有了生动感，并且具有较强的识别性。

根据产品的不同颜色搭配相应色相的照片组合，而同色相的照片又具有不同的内容，这样的搭配充满了趣味性，打破了重复的单调性。如图 1-14 所示，重复的饮料瓶围绕起瓶器共同构成了一个飞机造型，引起受众对童年的回忆，整个画面给人整齐、有规律的感觉。如图 1-15 所示，相同造型的面包图片整齐排列在画面中，共同组成绚丽多彩的太阳，使得商品有了自己独特的个性。如图 1-16 所示，绿色的人形通过胖瘦的外形变化组合成一棵树，产生反复强调的视觉效果，整齐的版式便于观者流畅阅读，一目了然。

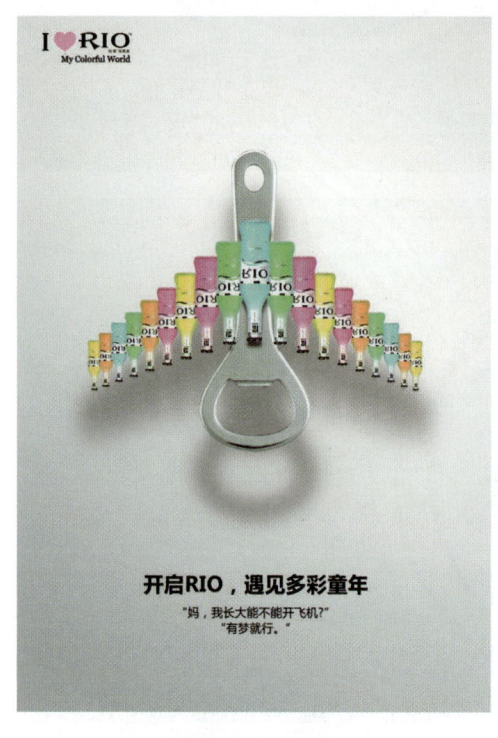

图 1-14 多彩童年
（学院奖获奖作品）

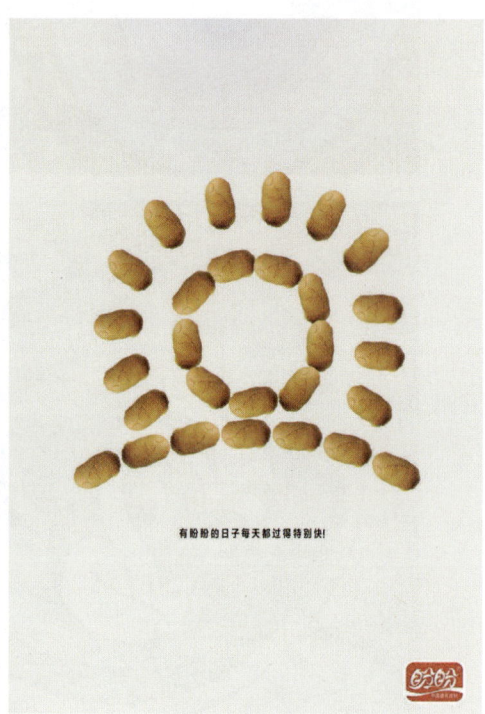

图 1-15 有盼盼的日子
（学院奖获奖作品）

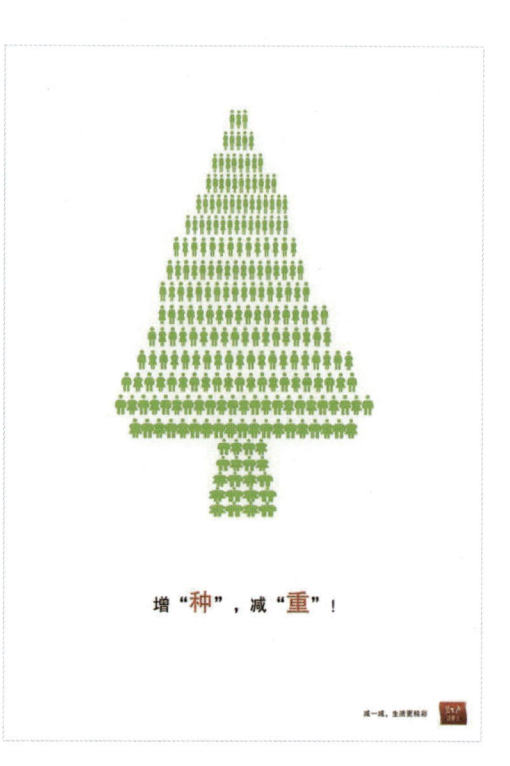

图 1-16 增"种"减"重"
（学院奖获奖作品）

1.4.4 导向性视觉流程

在版式设计中，运用一些手法来引导观者的视线按照设计者的思路贯穿版面，这就是导向性视觉流程。导向性视觉流程主要分为两种类型：一种是运用点和线作为引导，使画面上的所有元素集中指向同一个点，形成统一的画面效果，我们称之为放射性视觉流程，如图 1-17 所示；还有一种是通过点和线的引导，将观者的视线从版面四周以类似十字架的方式向版面中心集中，以达到突出重点、稳定版面的效果，我们称之为十字架形视觉流程，如图 1-18 所示。

1.4.5 散点视觉流程

将图形以散点的形式排列在版面的各个位置，呈现出自由、轻快的感觉，我们称之为散点视觉流程。散点视觉看似随意，其实并不是胡乱编排的，需要考虑图像的主次、大小、疏密、均衡、视觉方向等因素。其主要分为发射型和打散型两种类型。版面中所有元素按照一定方向向一个焦点集中，这个焦点就是视觉重心，这样的编排叫作发射型版式。同一动作向同一方向的指向使视线集中到一个焦点，表现出强烈的动感和视觉冲击力，如图 1-19 所示。而将一个完整的个体打散为若干部分，重新排列组合，以形成新的形态效果，这样的编排叫作打散型版式。

图 1-17 万众疫心（学生作品）   图 1-18 科技海洋（学生作品）   图 1-19 你的心声（学院奖获奖作品）

1.5 版式设计的基本程序

● **明确设计项目**

首先，需要明确设计项目的主题，根据主题来选择合适的元素，并考虑采用什么样的表现方式来实现版式与色彩的完美搭配。只有明确了设计项目，才能够准确、合理地进行版式设计。

● **明确传播信息内容**

版式设计的首要任务是准确地传达信息。设计者在对文字、图形和色彩进行合理的搭配以追求版面美感的同时，对信息的传达也要准确、清晰。我们首先要明白版式设计的主要目的和需要传达的信息，再考虑合适的编排形式。

● **定位观者群体**

版式设计的类型众多，有的中规中矩、严肃工整；有的动感活泼、变化丰富；也有的大量留白、意味深长。作为设计师，不能盲目地选择版式类型，而需要根据观者群体的特点来做判断。如果观者是年轻人，则适合时尚、活泼、个性化的版式；如果观者是儿童，则适合活泼、趣味性强的版式；如果观者是老年人，则选择规整常见的版式以及较大的字号最为合适。因此，在进行版式设计之前，针对设计面向的观者群体进行分析定位是非常重要的一个步骤。

● **明确设计宗旨**

设计宗旨就是当前的版面要表达什么意思，传递怎样的信息，最终要达到怎样的宣传目的。这一步骤在整个设计过程中十分重要。

● **明确设计要求**

在商业设计中，设计者在进行版式设计之前需要了解设计的要求，以达到宣传的目的。有明确的设计宗旨和主题，并通过文字与画面的结合，将信息准确、快速地传递给受众，使人印象深刻，从而促进商品销售。

● **计划安排**

在进行版式设计之前，首先需要对设计背景进行调查研究，收集资料，了解背景信息，熟悉背景的主要特征；然后根据收集的资料进行分析，确定设计方案；最后根据方案来安排设计内容。

● **设计流程**

做出一个设计方案所要经历的过程叫作设计流程，这是设计的关键。想到哪里做到哪里的方式很可能会使设计出现很多漏洞和问题，我们应该按照合理的设计流程来进行操作。

A.根据设计主题，明确版面的开本，然后思考和分析相应的版面风格。

B.先在纸上手绘一些版面结构的草图，然后确定版面比例，最后在版面上安排整个版面的结构。

C.根据版面结构的形式，将图片与文字编排在版面中，使版面平衡，达到传达信息的目的。

项目实战

名片版式设计

名片类型与尺寸

1. 名片设计的种类

名片在现代社会中应用广泛且以传达商业信息为主,根据行业和信息种类的不同,名片分为很多类,且没有统一、固定的标准。常见的名片有身份标识类名片、业务行为标识类名片、企业视觉识别类名片、商业宣传信息类名片等。名片持有者的姓名、行业、联系方式等是名片的重要内容。通过名片信息的标注向外界传播持有者想传达的信息,这是自我介绍快速有效的方法。名片能够发挥宣传自我、宣传企业、宣传商业信息的作用,是信息时代的联系卡,为人们的生活带来许多便利,如图1-20所示。

图1-20 艺术中国设计网站经典名片赏析

按材质分类：有纸质名片、金属名片、黄金名片、PVC 名片、PET 名片、木质名片、竹简名片、丝绸名片、皮革名片、电镀名片。

按印刷工艺分类：有折叠名片、烫金名片、烫银名片、UV 名片、滴胶名片、凹凸名片、异形名片。

按用途分类：有商业名片、公用名片、个人名片、手机名片。

按名片外形分类：常见的有标准形 90 mm×55 mm 方角名片和标准型 85 mm×54 mm 圆角名片、窄形名片 90 mm×50 mm 和 90 mm×45 mm、折叠名片 90 mm×95 mm 和 145 mm×50 mm。

名片的构成要素分为造型和信息两类，依据每一种名片的类型确定其设计的重点。造型要素分为标志、图案、轮廓，信息要素分为姓名、职务、单位、地址、联系方式、业务领域。

名片的构图方式通常分为横版构图、竖版构图、均衡构图、长方形构图、椭圆形构图、半圆形构图、标志文案左右对分形构图、斜置形构图、三角形构图、轴线形构图、中轴线形构图、不对称轴线形构图等方式，如图 1-21 所示。

图 1-21 名片的部分构图方式

2. 名片的作用与意义

商业名片：是公司或企业为进行业务活动所使用的名片，此类名片的使用大多以营利为目的。商业名片的主要特点：名片常使用标志和注册商标，印有企业业务范围，大公司有统一的名片印刷格式，使用较高档纸张，名片上没有私人信息，主要用于商业活动。

公用名片：是政府或社会团体在对外交往中所使用的名片，名片的使用不以营利为目的。公用名片的主要特点：名片常使用标志，部分印有对外服务范围，没有统一的名片印刷格式，名片印刷力求简单实用，注重个人头衔和职称，名片上没有私人信息，主要用于对外交往与服务。

个人名片：是朋友间交流感情，结识新朋友所使用的名片。个人名片的主要特点：名片不使用标志，设计个性化、可自由发挥，常印有个人照片、爱好、头衔和职业，使用纸张依据个人喜好而定，名片上含有私人信息，主要用于朋友之间交往。

名片有三个方面的意义，要依据名片持有者的具体情况而分析。

一是宣传自我。

二是作为信息时代的联系卡。在数字化信息时代中，每个人的生活、工作、学习都离不开各种类型的信息，名片以其特有的形式传递企业、个人及业务等信息，一张充满个性的名片能很快地把所属者的相关信息传播出去，名片给人们的生活带来了很大的方便。

三是标注企业资料，如企业的名称、地址及企业的业务领域等。具有 CI 形象规划的企业名片应被纳入办公用品策划，在这种类型的名片中，企业信息最重要，个人信息是次要的。在名片中同样要求企业的标志、颜色不要太花哨，但是要有个性、使用标准字等，这能给人留下深刻的印象，使其成为企业整体形象的一部分。如图 1-22 所示。

图 1-22 经典名片欣赏

3. 名片设计的程序

名片最为重要的述求是便于记忆，具有很强的辨识性，让人在最短的时间内获得所需要的信息。因此，名片设计必须做到文字简明扼要，字体层次分明，设计感强，风格新颖。

以下为名片设计需经历的主要程序：

首先，了解名片的信息，包含所属者的身份、职业、单位及其性质、职能和业务范围。

其次，要有独特的设计构思，需要对设计的定位、对名片的所属者及单位进行全面的了解。名片设计要具有强烈的视觉冲击力和辨识性，符合所属者的工作性质和身份，版面要新颖特别，符合所属者的业务特性。

最后，设计定位要准确，合理进行构图、字体和色彩编排等。

一个好的名片设计要有合理的视觉流程，通过鲜明突出的主题、层次分明的视觉元素安排，精准传播信息，便于人们记忆。

主题突出：画面中的视觉重心往往是对比最强的地方，想要增强画面的对比，就要把握面积对比、线度对比、明度对比、色相对比、补色对比、动静对比、具象与抽象对比等方面，并且要以阅读习惯来确定主题的位置。

视觉流程明确，层次分明：名片的视觉流程受视觉的主次关系影响。通常名片的视觉重心是名片的主题，其次是主题的辅助说明，最后是标志和图案。如果采用横版构图，人的视线就是左右流动的；如果采用竖版构图，人的视线就是上下流动的，如图1-23所示。

图1-23 名片的不同版式构图

4. 名片案例分析

甜点工作室名片：尺寸是90 mm×45 mm，方角外形，属于窄形名片，名片中以企业标准图形作为设计图案，运用均衡对称式构图将文字和图形进行左右排列。名片中，企业名称、姓名、地址、联系方式等信息齐全且主次分明，如图1-24所示。

图1-24 甜点工作室名片（设计之家名片赏析）

横版名片：尺寸是 90 mm × 54 mm，是符合最佳和谐视觉的黄金矩形，该名片以企业的标准色彩和辅助图形为视觉重心，重在展示品牌的统一视觉形象。在名片版面中，一面的留白空间与另一面的满版形成了鲜明的对比，重复排列的辅助图形增加了视觉冲击力，如图 1-25 所示。

图 1-25 设计之家名片赏析（横版名片）

竖版名片：打破了传统横版名片的设计风格和排版风格，给人眼前一亮的视觉感觉。以字母作为名片的元素，在充满设计感之余非常有创意。名片将简约的字体进行了编排，赋予了名片很好的层次感和空间感，这种编排形式，使名片信息能够快速准确地传达出来，同时达到让人记忆深刻的目的，如图 1-26 所示。

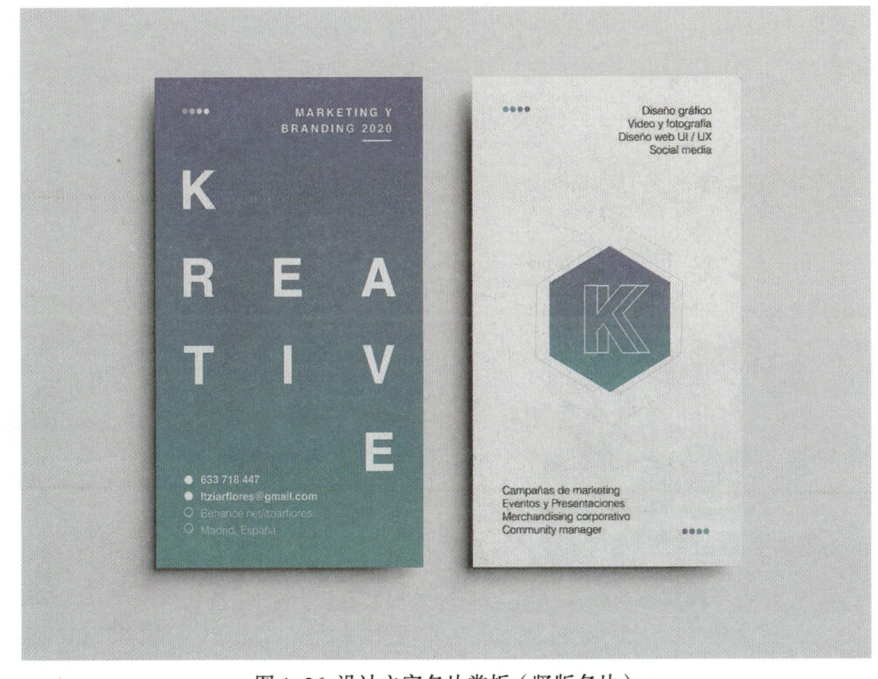

图 1-26 设计之家名片赏析（竖版名片）

实践技巧

技巧 1　Photoshop 排版技巧

当前，平面设计广泛应用于广告、摄影、美术、出版、制版、印刷等领域，许多从业者都希望成为一名优秀的平面设计师。在实际工作中，成功的设计往往需要运用多种设计方式，而设计者只有了解并掌握多种设计软件才能表现出完美的创意。

Photoshop 是 Adobe 公司出品的数字图像编辑软件，是迄今在 Mac IOS 平台和 Windows 平台上运行最优秀的图像处理软件。自从 Photoshop 问世以来，其强大的功能和无限的创意空间使得广大设计者对它爱不释手，并通过它创作出难以计数的神奇的、迷人的艺术珍品。Adobe 公司推出的 Photoshop CC 在保留传统功能的基础上增加和强化了许多功能，特别是在文字的输入编排、矢量绘制、特效应用，以及网页设计等方面进行了功能增强和改善，提高了用户的工作效率，使整个工作流程更为顺畅。Photoshop CC 还集成了 ImageReady 更高版本，以及更丰富的滤镜效果，提供了高级网页图像设计所需要的各种功能。

实例演示：利用 Photoshop 软件制作证件照

第一步：打开图像→设置图像大小〔1（英）寸照片大小是 2.5 cm × 3.5 cm〕→分辨率为 300 dpi，如图 1-27 所示。

第二步：打开菜单栏中图像→画布大小→在设置中勾选"相对"。白边预留设为：A6 纸为宽 0.25 cm × 高 0.31 cm、A5 纸为宽 0.46 cm × 高 0.72 cm，并设置画布扩展颜色为白色，如图 1-28 所示。

第三步：打开菜单栏→编辑→图案名称→命名，如图 1-29 所示。

图 1-27　设置图像大小

图 1-28 设置画布大小

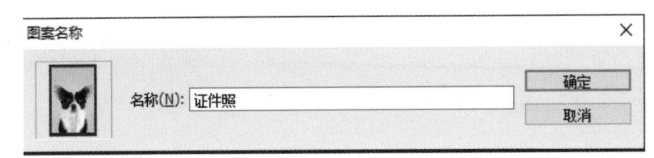

图 1-29 定义图案

第四步：打开菜单栏→文件→新建→空白文档→设置自定义参数 A6（6寸 4R），大小为 105 mm×148 mm，分辨率为 300 dpi，如图 1-30 所示。

图 1-30 新建文件

第五步：打开菜单栏→编辑→填充→使用图案→定义好的图案→单击"确定"，如图 1-31 所示。

图 1-31 填充图案

完成：填充后的效果非常完整，如图 1-32 所示。

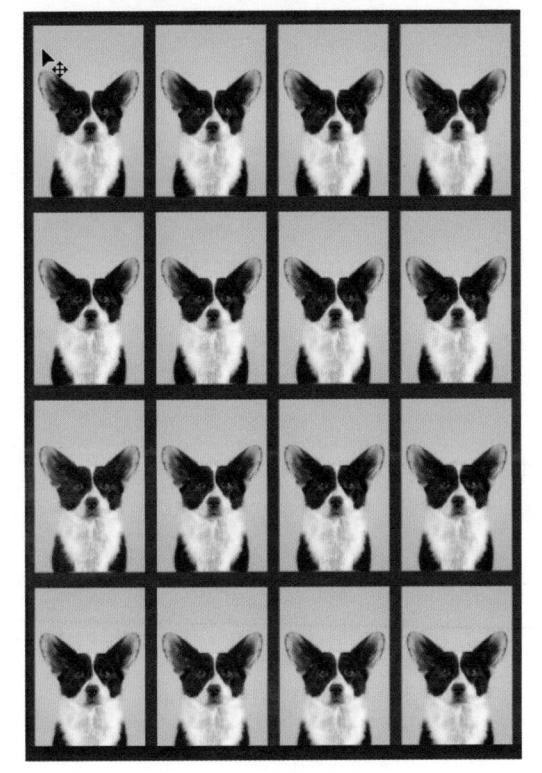

图 1-32 完成效果

技巧 2　Illustrator 排版技巧

为了弥补 Photoshop 矢量作图的不足，Adobe 公司推出了 Illustrator 图形处理软件。该软件不仅能处理矢量图形，还可以处理位图图形。Illustrator CC 新增了 Web 图形工具、通用的透明功能、强大的对象和层效果，以及其他创新功能。现在，人们可以使用这些快速而灵活的工具将各种创造性的理念转变为完美的图形，用于 Web、打印以及动态媒体等项目，在印刷出版、多媒体图形制作、网页或联机内容的创建等领域发挥了重要的作用。

1. 对齐页面中间对象的方法

选择想对齐页面中间的对象，分别按 Ctrl+X、Ctrl+0、Ctrl+V 键，如图 1-33 所示。

AI软件对齐页面中间对象的方法

图 1-33　页面中心粘贴示意

2. 如何快速出血和加角线

第一步：按 Ctrl+K 键，调出常规 → 使用日式裁剪标记，如图 1-34 所示。

AI软件速加印刷标记

图 1-34 添加裁剪标记

第二步：滤镜 → 创建 → 裁剪标记，如图 1-35 所示。

图 1-35 添加裁剪标记效果

3. 运用 ALT 键调整四色黑

第一步：通常作品完成时，文件里会有 N 个四色黑，如图 1-36 所示。

第二步：想要快速调整为单色黑，需要先把色板里不需要的色全部删掉，如图 1-37 所示。

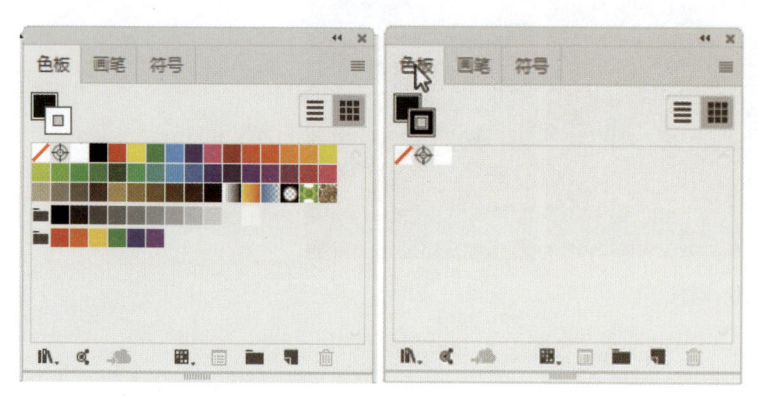

图 1-36 常用色板效果

图 1-37 消除色板效果

第三步：在不选中任意对象的情况下，单击色板右上角的扩展面板，选择"添加使用颜色"，这时色板里就都是文档所用到的全局色了，如图 1-38 所示。

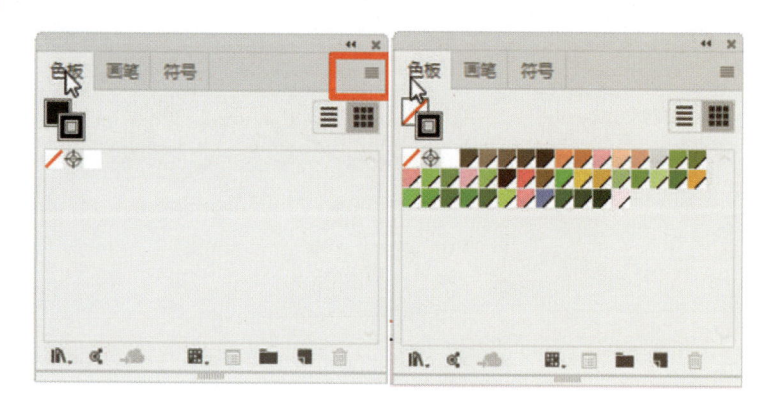

图 1-38 添加使用颜色

第四步：找到需要调整的色块，如果色板颜色较多，也可以用分类方法找到与其相对应的四色黑。双击色块找到色板选项，如图 1-39 所示。改变色板里的颜色数值后，文档中的颜色就换为调整后的颜色了，如图 1-40 所示。

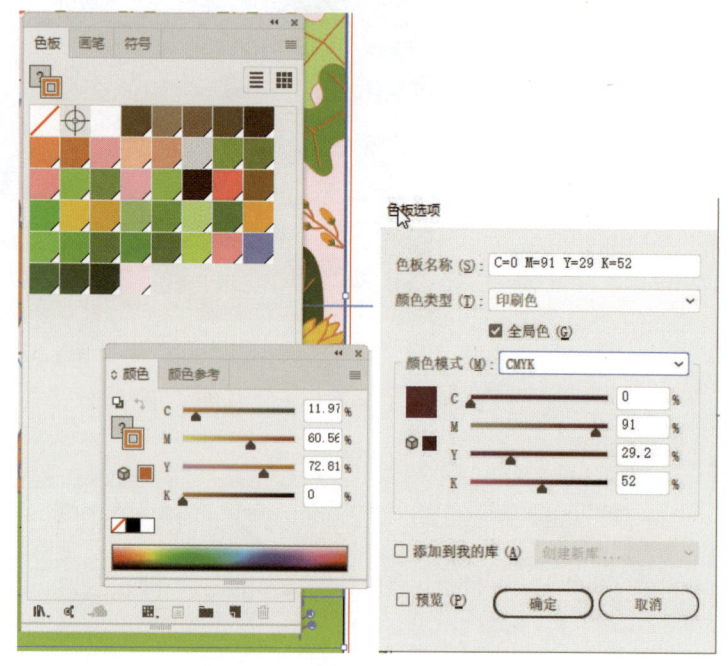

图 1-39 调整色板中的颜色数值

第五步：当文件中有多个四色黑时，一个一个色去调整过于麻烦，这时可运用 ALT 键 + 鼠标拖动操作来更改需要调整的四色黑。在色板中选中一个 100 黑全局色，按住 ALT 键，拖到你想要改的色板上，此色板就变成 100 黑全局色了，如图 1-41 所示。

图 1-40 调整颜色数值后图片变化

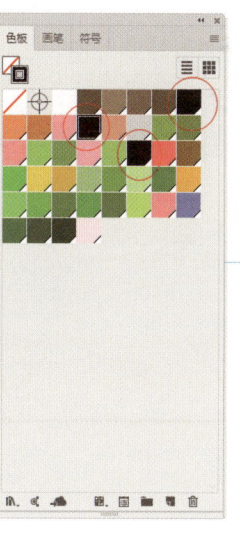

图 1-41 色板黑全局色调整

拓展训练

任务 1　设计名片

主题： 为传统手工艺坊设计宣传名片
尺寸： 常用尺寸自选
分辨率： 300 dpi
要求： 1. 体现手工艺人行业特点。
　　　　2. 要有手工艺人的个人风格特色。
　　　　3. 视觉流程的引导要合理。
　　　　4. 构图和色彩能体现艺术审美。
　　　　5. 正反面设计且不少于三个方案。
内容： 姓名、职业、业务范围、视觉符号、联系方式不少于三个。

任务 2　设计邀请函

主题： 为当地非遗文化展设计邀请函
尺寸： 成品 20 cm × 14 cm
分辨率： 300 dpi
要求： 1. 设计师要明确邀请函的设计目的。
　　　　2. 邀请函设计要有高校设计专业特色，体现出毕业设计气氛。
　　　　3. 邀请函设计可以通过特种纸和特种工艺来呈现。
　　　　4. 邀请函设计要尽可能简约、现代。
　　　　5. 正反面设计且不少于两个方案。
内容：
根据实际情况自拟

单元二

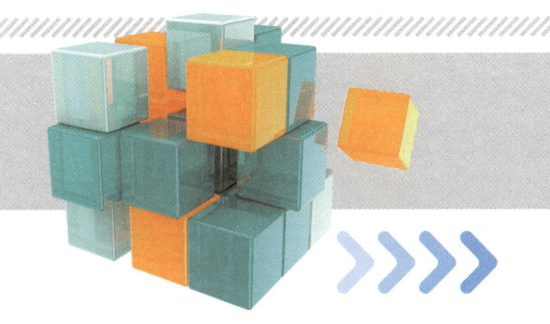

文字——编排

理论目标　掌握版式设计中文字的创意及文字的编排方式以及在项目设计中的使用原理。

实践重点　在编排设计中，掌握字体的选择、标题文字的应用以及汉字与英文的搭配方式。

职业素养　要求学生了解汉字发展历史，增加汉字文化底蕴，提升民族自豪感和爱国情怀。在文字编排技能的教学中融入工匠精神的培育，培养学生精益求精、创新创造以及爱岗敬业的职业精神。

知识讲解

文字具有特定的"音",更以其特定的"形"抒情达"义"。文字跟语言相比,能更好地成为永久记忆"载体",可以说文字以意之美赏心,以音之美感耳,以形之美悦目。文字是一种视觉符号,具有良好的视觉传达效果。它同时具有语言的特征和形式。在所有的版式设计语言中,文字无疑是传达信息最准确的语言,在视觉传达设计中,更是少不了文字。视觉传达设计中的字体,一般分为书法体、艺术体和印刷体。其中,书法体和艺术体一般用于标题,而印刷体一般用于正文。

2.1 文字的发展历史

文字设计是按照视觉设计规律对文字进行精心整体安排。文字设计是人类生产与实践的产物,是随着人类文明的发展而逐渐成熟的。进行文字设计之前,必须对它的历史和演变有大致的了解。

2.1.1 结绳记事

结绳记事,是指远古时代人类为了摆脱时空限制记录事实并进行传播的一种手段。它发生在语言产生以后、文字出现之前的漫长年代里,最早发现于南美洲的秘鲁。秘鲁印加人最早使用结绳的方法来记事,这是具有代表性的原始记录方法,世界各地的很多民族都运用过。

在一些部落里,人们为了把本部落的风俗传统和传说以及重大事件记录下来并流传下去,便用不同粗细的绳子,在上面结成不同距离的结。结有大有小,不同结法、距离远近以及绳子粗细均表示不同的意思,由专人(一般是酋长和巫师)循一定规则记录,并代代相传,如图 2-1 所示。

我国古代文献对此有所记载。《周易·系辞》云:"上古结绳而治。"《春秋左传集解》云:"古者无文字,其有约誓之事,事大大其绳,事小小其绳,结之多少,随扬众寡,各执以相考,亦足以相治也。"

图 2-1 结绳记事

2.1.2 楔形文字

由古苏美尔人所创,属于象形文字。公元前 3 400 年左右,楔形文字雏形产生,字形多为图像。公元前 3 000 年左右,楔形文字系统成熟,字形简洁、抽象化。文字数量由青铜时代早期的约 1 000 个,减至青铜时代后期的约 400 个。现已被发现的楔形文字多写于泥板上,少数写于石头、金属或蜡板上。书吏使用削尖的芦苇秆或木棒在软泥板上刻写,软泥板经过晒或烤后变得坚硬,不易变形。由于多在软泥板上刻画,所以线条笔直形同楔形,如图 2-2 所示。

图 2-2 楔形文字

楔形文字被许多古代文明用来书写其语言,但这些语言之间并不一定属于有关联的语系,例如赫梯人和波斯人都采用楔形文字,但这两种语言都是与苏美尔语无关的印欧语系。另外,阿卡德人虽然也采用楔形文字,但阿卡德语和苏美尔语差异相当大。楔形文字的字形也随着文明演变,逐渐由多变的象形文字统一为音节符号。在两千多年间,楔形文字一直是美索不达米亚唯一的文字体系。到公元前 500 年左右,这种文字甚至成了西亚大部分地区通用的商业交往媒介。楔形文字一直被使用到公元元年前后,使用普及状况如同现今的拉丁文。楔形文字后来失传,自 19 世纪以来才被陆续译解,从而形成一门研究古史的专门学科。

2.1.3 拉丁字母

拉丁字母(罗马字母)源自希腊字母,是目前世界上流传最广的字母体系。拉丁字母、阿拉伯字母、斯拉夫字母(西里尔字母)被称为世界三大字母体系。西方大部分国家和地区都使用拉丁字母。中国汉语拼音方案也采用拉丁字母,中国部分少数民族(如壮族)创制或改革文字也采用拉丁字母。《韦伯斯特第三版新国际词典》收录了 450 000 条词目,其中所有的单词只用 26 个字母和标点符号组成。世界上大部分地区使用拉丁文字。在公元前的古罗马建筑上,常常镌刻有严正典雅、匀称美观的拉丁字母,如图 2-3 所示。

图 2-3 建筑上的拉丁字母

2.1.4 汉字

1. 甲骨文

1959年，在山东大汶口出土了一些陶器，上边刻有一些符号，被看作早期（约公元前4 300年）文字的雏形。但如今能看到的，已经初具规模、比较完备的文字是殷商时期的甲骨文。清朝末年，在河南安阳小屯村发现了许多龟甲和兽骨，上面刻有文字，这种文字引起了学术界的极大兴趣，被称为甲骨文，如图2-4所示。

2. 金文

随着社会的发展，字体也在不断地演变。从殷商到秦统一之前的金文，就是在甲骨文的基础上发展而来的。金文是铜器铭文的通称，古代的铜器多为钟鼎，所以也叫作钟鼎文。金文的笔画比甲骨文丰富得多，大小匀称，有了行款，具有了一定的装饰性，如图2-5所示。

3. 大小篆

春秋战国时期，诸侯争战，这也间接造成了语言异声、文字异形，直到秦始皇统一六国后，才将文字统一为小篆，传世的《琅邪台刻石》《泰山刻石》都是小篆的代表作，如图2-6所示。大篆如图2-7所示，广义上大篆指小篆之前的文字。

图2-4 甲骨文　　　　图2-5 金文　　　　图2-6 小篆　　　　图2-7 大篆

4. 隶书

小篆虽然规范，看起来也漂亮，但写起来并不容易。人们对文字这一传播思想、记录语言的工具的希望是越方便越好，于是在小篆的基础上又产生了新的字体——隶书。相传隶书的创始人是程邈，因他得罪了秦始皇，被下了监狱，在狱中用了十年的工夫，整理出一套应用简便的新字体，被后人称为隶书。到了汉代，隶书逐渐成熟，占据了主导地位。这时由于人们审美意识的提高，隶书已写得相当美观并留下了许多名碑，如《张迁碑》《石门颂》《曹全碑》等，这些风格各异的杰作，至今仍是学习隶书的范本，如图2-8所示。

5. 楷书

隶书进一步演化而成为楷书，也就是我们今天所用的字体，它比隶书更丰富而完备，如图2-9所示。三国时期的钟繇是在楷书加工整理上有巨大贡献的人。到了唐朝，文化高度繁荣，书法也发展到顶峰，出现了一大批擅长写楷书的名家，如欧阳询、虞世南、褚遂良、颜真卿、柳公权等。

6. 草书

草书并不是在楷书出现以后才有的。"草"是初步、草率的意思。无论哪种字体写得潦草，都算草书。草书作为一种专门的字体，是汉代才有的。到汉末，草书才大为风行，先为章草，又为今草，最后发展为狂草，还有小草，如图2-10所示。

7. 行书

行书是介乎楷、草书之间的一种字体，产生于东汉之末，真正繁荣是在东晋时期，王羲之的《兰亭序》就是行书的典范。由于行书比较实用，书写比楷书更为便利，又不像草书那样难以辨认，所以直到今天仍是最常用的字体，如图2-11所示。

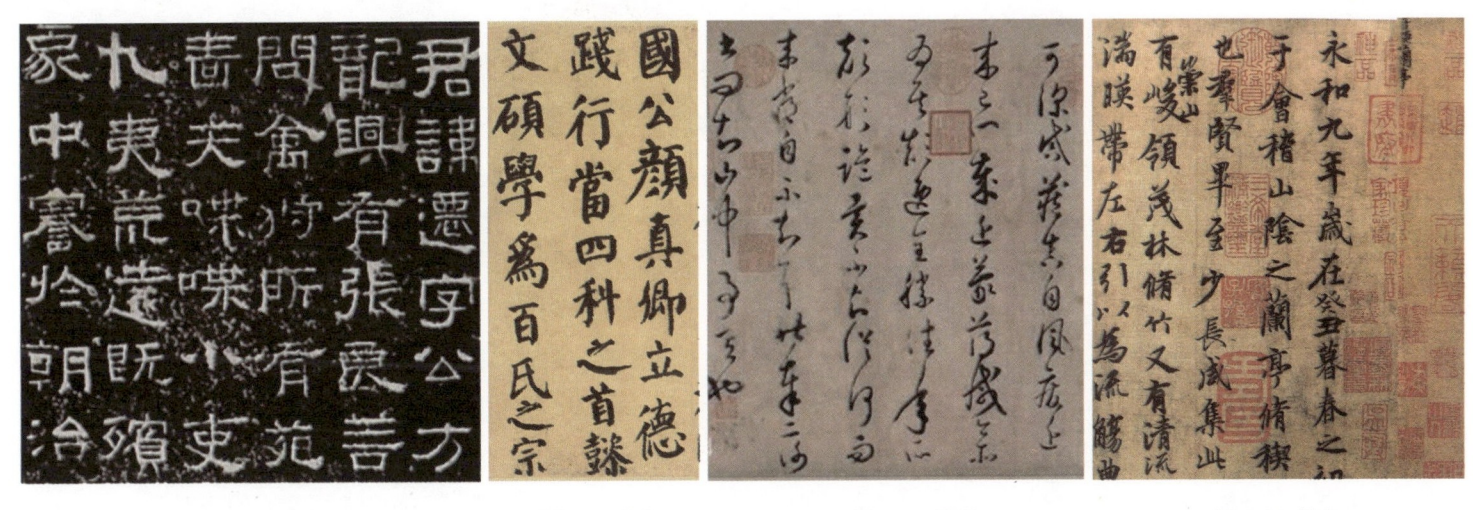

| 图2-8 隶书 | 图2-9 楷书 | 图2-10 草书 | 图2-11 行书 |

汉字的演变，大体经历了甲骨文—金文—大篆—小篆—隶书—楷书—草书—行书这几个阶段，符合文字的发展由繁到简，由不规范到规范的规律。那么，篆、隶、楷、行、草书便构成了中国书法的五种字体。汉字发展到今天，楷书和行书仍然被应用，而篆书、隶书、草书，特别是篆书已不在日常生活中应用，只作为一种书法艺术而存在了。

2.2 文字的创意

字体设计:狭义地讲,是通过美学元素、设计者的观念创造出具有装饰性的文字,它研究字体的合理结构、字形之间的有机联系以及字形的排列。字体设计的种类很多,如形意类、仿生类、演变类、书法类等。

字体设计既是商业文化的信息载体,也是时代精神的体现,最终目的是适用于视觉传达设计各个领域的需求。因此,字体设计被广泛地应用于各种载体形式之上,如书籍、报纸、杂志、说明书、招贴、标志、包装、灯箱、招牌以及电影、电视片头、影视广告、网页等。

如黄海为电影《少年的你》设计的海报,远远望去整个画面都充满了电影的质感,字体设计效果十分吸引眼球,撑起了整个海报的主体,如图2-12所示。对于设计中的LOGO和VI来说,艺术字体设计已经成为很重要的一项,有的LOGO或VI直接就是一个漂亮的艺术字体组合。字体艺术已成为视觉传达设计不可缺少的形象元素。中国银行的标准字体是具有中国特色的书法体,体现了中国银行的中国特色和文化底蕴,如图2-13所示。因此,字体设计是增强视觉传达效果,提高作品的诉求力,赋予版面审美价值的一种重要构成技术。

字体设计通过巧妙的方法、途径,将文字信息以美的形式表现出来,使观者在快速、准确地了解诉求的基础上得到美的享受,它能使文字的内容和形式有机结合,强调视觉表达的艺术性。不管字体设计以任何材料、任何形式出现,都必须符合服务对象的特殊要求,这一点是设计者在进行字体设计之前就应该明确的。文字是人类文化的重要组成部分,无论在何种视觉媒体中,它都是重要的构成要素。文字的排列组合直接影响其版面的视觉传达效果。只有确定了设计目的,才能做出恰当的设计。字体设计的目的是提高可视性,增加思想性,强化简约性和美观性,使文字简洁、直观、准确地将更多的信息以视觉美的形式表现出来。

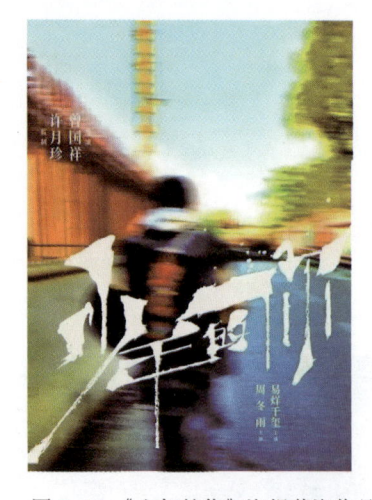

图2-12 《少年的你》海报黄海作品   图2-13 靳埭强作品

2.2.1 文字创意的原则

文字创意的原则是创造优秀文字设计作品的基础。原则并非法宝,而是人们在长期实践中总结的设计规律,是我们进行文字形态塑造的思考基点。文字设计要服从于作品的风格特征,不能和作品的整体风格特征相脱离,更不能相冲突,否则,就会破坏文字的诉求效果。一般说来,文字的个性大致可以分为以下几种类型:端庄秀丽型;格调高雅型;华丽高贵型;坚固挺拔型;简洁爽朗型;强烈视觉型;深沉厚重型;庄严雄伟型;不可动摇型;欢快轻盈型;苍劲古朴型;等等。

1. 内容上的准确性

在对字体进行创意设计时,我们首先要对文字所表达的内容进行准确的理解，然后选择最恰如其分的形式进行艺术处理与表现。如果对文字内容不了解或选择了不准确的表现手法，不但会使创意字体的审美价值大打折扣，而且会给企业或个人造成经济或精神损失，那么也就失去了字体创意设计的意义。如图2-14所示版面利用文字的排列组合与创新来突出楚楚街"年轻、时尚、漂亮"的特点，用马路的形式来表现是为了呼应楚楚街的"街"字，暗示人们使用楚楚街就像在逛街一样，"年轻、时尚、漂亮"就是楚楚街的地图，这象征着楚楚街，也突出了"买的漂亮"的主题。辅助图形的使用是为了突出以女性用户为主的APP特性，在颜色搭配和绘画形式方面都偏向于女性。

（1） （2） （3）

图2-14 楚楚街主题广告（学院奖获奖作品）

2. 视觉上的可读性

容易阅读是字体设计的最基本原则。让人费解的文字，即使有优秀的构思，富于美感的表现，无疑也是失败的。所以在对文字的结构和基本笔画进行变动时，不要违背千百年来人们形成的对汉字的认读习惯。同时，也要注意文字笔画的粗细、距离、结构分布，整体效果的明晰度，如图2-15所示。文字的主要功能是在视觉传达中向大众传达作者的意图和各种信息，要达到这一目的必须考虑文字的整体诉求效果，给人以清晰的视觉印象。因此，设计的文字应避免繁杂零乱，要做到易认、易懂，牢记文字设计的根本目的是更好、更有效地传达作者的意图，表达设计的主题和构想意念。

3. 外形上的图形性

文字是人们在长期的生活中固定下来的一种图形符号。人们根据需要将线条、笔画按熟悉的结构组织到一起，便可设计出图形化的文字。如图2-16所示，根据一个人独处的场景进行描绘，将RIO图形化，发现有RIO陪伴并不寂寞，甚至可以过得很自由、精彩，文字的设计把中心思想表达了出来。

图2-15 小寒字体设计（学生作品）

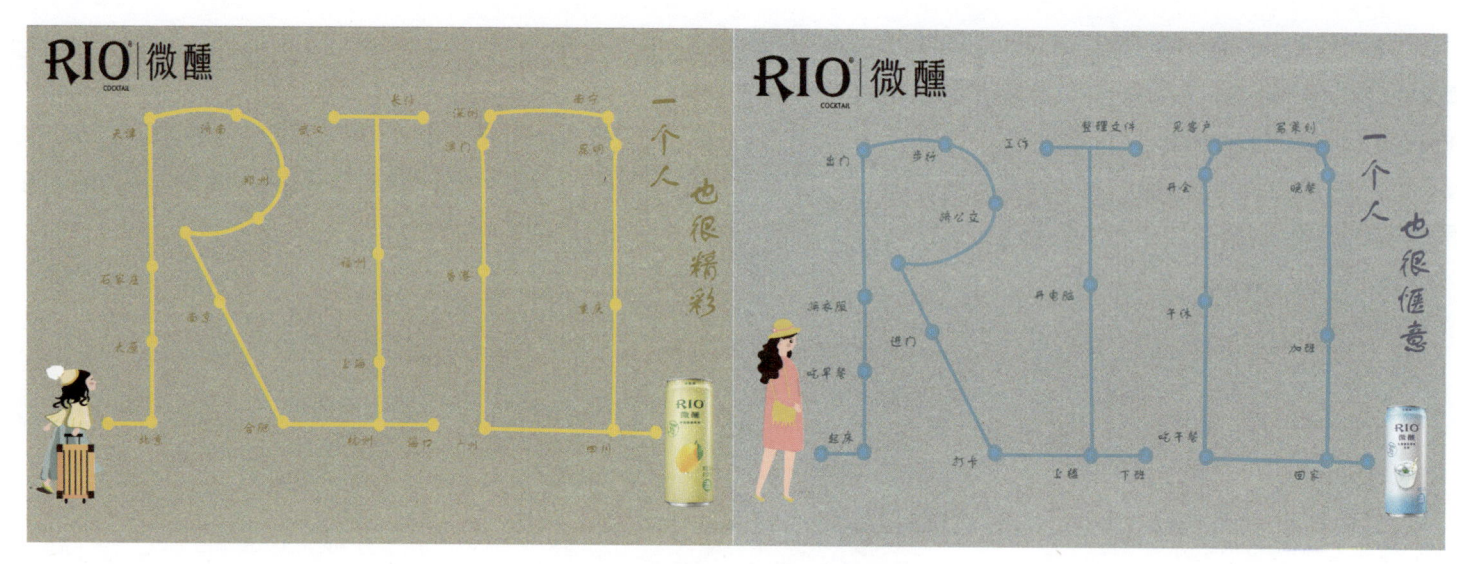

图 2-16 RIO 主题广告（学院奖获奖作品）

4. 外形上的艺术性

字体设计在满足易读性的前提下，还要追求字体的形式美感。整体统一是美感的前提，协调好笔画与笔画、字与字的关系，强调节奏与韵律也显得特别重要。任何过分华丽的装饰、纷繁芜杂的表现都无美感可言。另外，字体设计要以创新为目标，独具风格的字会给人留下深刻的印象，如图 2-17 所示。

5. 思想上的意象性

意象本身是一种观念或审美思想，在诗歌及绘画艺术中影响深远。画家往往通过一石、一竹表现高洁品格。意象，简言之就是寓"意"于"象"，即通过事物、形象表达主观情感与意念，实质上是一种暗喻和象征。如图 2-18 所示，王老吉凉茶从运动、婚宴、龙虾火锅三个主题出发，用各自的主题口号作为主体并在其中加入主体元素，使主题鲜明，用了红色作为主色调意寓红红火火，用中国剪纸的表现技法表达消费者对王老吉凉茶的喜欢。

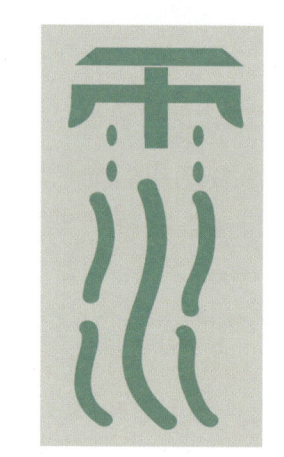

图 2-17 雨水字体设计（学生作品）

6. 风格上的整体性

所谓整体性，即在文字设计中即使仅有一个品牌名称、词组或者一句话，也应该将其作为整体看，从字形、笔形、结构及手法上追求统一性。如图 2-19 所示，此设计用了较粗的字体样式，给人的感觉是产品的质量非常好，文字与产品形象融为一体，风格一致，再结合出彩的文案，把产品的信息传达了出来。

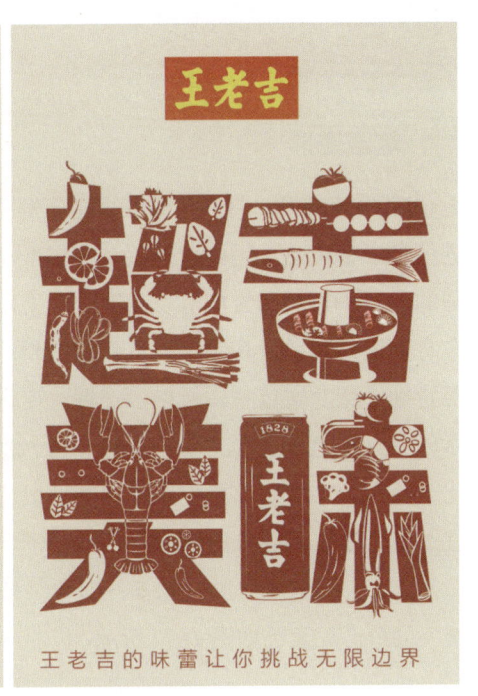

图 2-18 王老吉凉茶主题广告（学院奖获奖作品）

图 2-19 安全有我主题广告（学生作品）

2.2.2 文字创意的方法

1. 笔画变形

文字设计的第一目标是激发视觉新鲜感,强化形象记忆,促进信息顺畅传达。笔画变形就是在标准印刷字的基础上,使笔画的形状、长短和方向等发生变化,突破常规的样式,在笔画自身上做处理的表现手法,从而创造新的文字面貌。笔画变形要特别注意对文字整体风格的把握,变化过多容易形成杂乱无章的状态。笔画变形主要是指点、撇、捺、挑、钩等副笔的变化,而在文字中起支撑作用的主笔一般变化较少。笔画变形不宜太多,整体风格和变化手法要统一。

(1)运用统一的形态元素,即在每个字的某一笔画中添加统一的形态元素,如图2-20所示。

图2-20 云朵字体字体设计(学生作品)

(2)在统一形态元素中加入另类不同的形态元素,如图2-21所示。

图2-21 淘我喜欢的字体设计(学生作品)

2. 笔画共用

借助笔画与笔画之间、汉字与拉丁字母之间存在的共性巧妙地加以组合。汉字是由笔画构成的,很多文字都有相同的偏旁部首,这便为笔画的共用提供了条件。笔画共用需要对文字结构进行深入审读,寻找规律和突破口,进而适当调整笔画,谋求联系,以构造整体性的文字图形,如图2-22、图2-23所示。

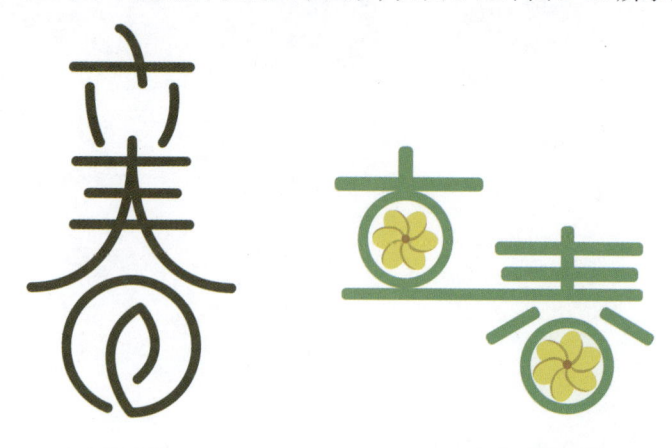

图2-22 立春字体设计(1)(学生作品) 图2-23 立春字体设计(2)(学生作品)

3. 删繁就简

删繁就简属于笔画变形手法,也是一种设计理念。不管是汉字还是拉丁字母,传统字体都带有装饰成分。删繁就简就是将文字中起装饰作用的笔画特征去除,使形态各异的笔画趋于几何化、简约化,从而使文字展现其刚性的结构、纯粹的线条和单纯的视觉观感,给人以严谨、内敛的品质性格和回味无穷的审美享受,如图2-24所示。

图2-24 海洋字体设计(学生作品)

4. 移花接木

在图形创意中，经常采用异形同构的表现手段，将两种或两种以上的图形连接在一起，产生突破常规视觉效果的新异的图形形象，从而冲击观众的视觉神经。当把两种不同特征的笔画连接到一起时，能够打破人们对文字的常规认识，使人们在视觉和心理上产生新鲜的感觉，从而激起人们的阅读兴趣，如图2-25所示。

图2-25 立冬字体设计（学生作品）

5. 虚实相宜

视觉图形除了外部边缘的形状以外，还有与组形相关的虚形部分。虚与实本来是清晰与模糊的关系，但在图形语言中则是图与地的关系，也可以称之为正形与负形的关系。文字设计的虚实相宜与图形创意中的"共生图形"表现相似，即正形与负形通过轮廓线的共用，互相依存构成一体，如图2-26所示。

图2-26 标志设计（学生作品）

6. 空间追求

文字是一种二维符号语言，为了追求空间习惯的突破，增强文字的表现力，赋予其三维的、立体的空间效果不失为一种好办法，如图2-27所示。

图2-27 Jeans字体设计（学生作品）

7. 装饰美化

对文字笔画的装饰，是为了丰富视觉，强调词意，增强其文化、行业属性。在对文字进行装饰美化时，需考虑文字的识读性，保证文字便于识别、记忆，不能胡乱增添纹样，随意添加图形。如图2-28所示，根据七度空间的主题"甜睡裤"和品牌调性"个性，年轻，时尚"，将"梦"字作为创意的载体，表现七度空间甜睡裤的"个性"；把女生喜欢的甜味零食、可爱的植物融入其中，创造出具有装饰味道的"梦"字，表现七度空间甜睡裤的"年轻"；加上广告语"甜梦成真"表现七度空间甜睡裤的"时尚"，最终突出七度空间的主题和调性。

图2-28 七度空间主题广告

8. 真材实料

肌理是人们对材料质地、结构、重量等的视觉认同，是材料的视觉表现形式，是生活综合经验的一种视觉认知，如图2-29所示。

9. 恣意挥洒

中国书法是一种独特的艺术形式，由于汉字形体的丰富性和毛笔多样的表现力，再加上宣纸的滋润，令书法有了无穷的变化。文字情绪的表达不一定采用笔墨，也可以使用油画颜料、粉笔、毛刷等多种工具，其表现效果也不尽相同，进一步丰富了我们的视觉，激发了观众的阅读兴趣。《影》海报主要的设计元素就是具有中国特色的书法泼墨，挥洒自如，画面自然丰富，把电影的整体基调表现了出来，如图2-30所示。

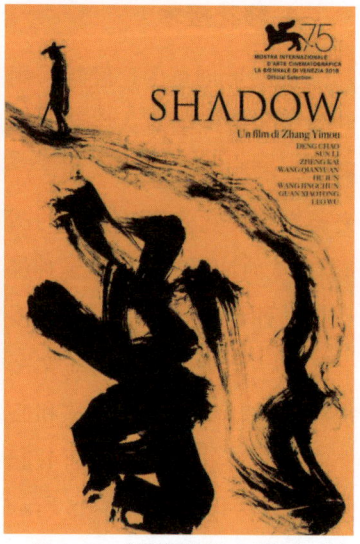

图2-29 文字肌理设计　　图2-30 《影》海报（黄海作品）

2.3 文字的编排

在平面设计中，排版看似简单，其实非常考验设计师的基本功。虽然我们也了解了很多有关排版的理论知识，但是并没有得到充足的实践验证。因此，在本书中，我会拿自己作为设计师以及阅观者两个身份来切换思考，以期探索更多文字编排的实践。

文字的排列组合，直接影响平面设计的视觉传达效果。因此，文字设计是增强视觉传达效果，提高作品的诉求力，赋予作品平面设计审美价值的一种重要构成技术。在平面设计中，文字由两个方面组成，即字体设计与文案设计。版式中的主题内容（标题、正文、注解等）离不开文字，观者通过文字获得主要信息。设计者需掌握中外字体的一般常识，不同的字体给人的心理感受是不一样的，美的字体能使观者感到愉悦，帮助阅读和理解。

2.3.1 文字基本常识

1. 字体

在版式设计中，通常所用的字体有宋体、黑体、线体、楷体等。一般情况下，在一个版面中所运用的字体不宜超过四种。字体设计是根据所表现对象的内容选用或设计字体，使人可以很快地识读，并留下记忆。文案是根据表现对象和创意要求而创作的具有说服力、吸引力的说明文字，它不仅要准确地表达创意，还要跟图形配合使用把设计的表现力和感染力发挥到极致，如图2-31所示。

Photoshop软件中改变字体造型的操作方法　　Photoshop软件中字符属性的基本操作

图 2-31 书籍设计（学生作品）

不同的字体样式具有不同的风格和视觉效果，因此，在版式设计的过程中，应根据具体的风格选择合适的字体来表达主题，在辅助设计软件中可以选择不同的字体样式。以 Photoshop 为例：方法一是选择工具箱中的文字工具，如图 2-32 所示，点击属性栏中的属性，如图 2-33 所示；方法二是点击窗口菜单中的字符控制面板，如图 2-34 所示。

图 2-32 文字工具　　图 2-33 文字属性　　图 2-34 字符控制面版

2. 字号

在传统活字排版中，汉字以"号"为单位；英文以"点"为单位；现代电脑排版以"级"或"点"为单位，1 级为 0.25 mm，1 点为 0.35 mm。电脑字也使用点数制的计算方式：标题用字一般为 14 点以上；正文一般采用 9 点至 12 点的字号；文字多的版面，字号缩小到 7 点或 8 点。需要注意的是，字号越小，版面越美观，精密度越高，整体性越强。但字号过小也会影响阅读，在一个版面中需要有不同字号的文字，体现标题、副标题和重点提示等，这样才能有层次感，如图 2-35 所示。

在 Photoshop 中能灵活调整字号，如图 2-36 所示。在做视觉传达设计时，设计者就要先考虑受众的阅读习惯再进行设置。大号的字体是主焦点所在，能瞬间吸引眼球，因此应运用于主要信息，此外还要注意与此搭配的字号，注意在多层次的主次信息上字号的运用要有对比。能与大字号进行搭配的是小字号，而且最好能对比明显，这样才能形成信息的主次传递。有人认为文字越大，其吸引力越强，就都采用大字号来输出信息，这样没有对比会导致整体版面凌乱。

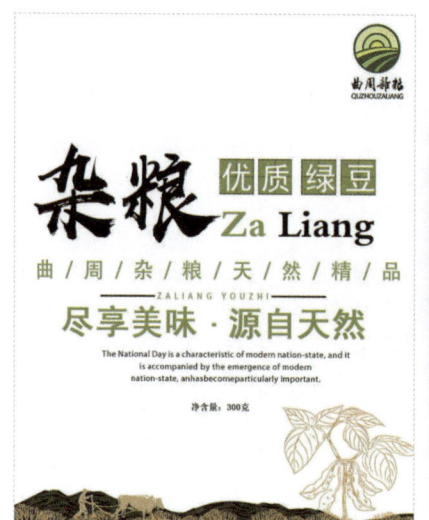

图 2-35 包装设计（学生作品）　　图 2-36 字号调整

3. 字距

字距就是字与字的间距，在 Photoshop 中调整字距的方法，如图 2-37 所示。不同的字距展现出完全不同的视觉效果，字距过大，缺乏阅读的连贯性；字距过小，信息连接性过强，能形成连续的图形，但缺乏独立的识别性，如图 2-38 所示。字距适当的版面，文字阅读起来比较轻松。字距要随文字的字体、粗细、大小、行距的改变而改变，但应该在一定范围内进行调整。变化的幅度是在 10~15 范围内加减，单位是 pt。在海报、横幅等宣传类版式的设计中，文字量通常较少，形成不了段落，也就不涉及段落，这时字距可以放得更开，放大的字距会显得版式疏松、体现一种优雅宁静的感觉。字距放大后，可以使用各种艺术字体、夸张的笔画，带来动感和视觉冲击力，宽大字距的魅力就展现出来了。

版式设计的意义就是通过合理的空间视觉元素来最大限度地发挥表现力，以增强版面的主题表达，并以版面特有的艺术感染力来吸引观者目光。字距正常

版式设计的意义就是通过合理的空间视觉元素来最大限度地发挥表现力，以增强版面的主题表达，并以版面特有的艺术感染力来吸引观者目光。字距过小

版式设计的意义就是通过合理的空间视觉元素来最大限度地发挥表现力，以增强版面的主题表达，并以版面特有的艺术感染力来吸引观者目光。字距过大

图 2-37 字距调整　　图 2-38 不同字距效果

4. 行距

行距是段落上下两行文字的疏密程度。行距在文章中的作用是有效地引导阅读。两行文字之间的行距太近会使阅读变得困难，而离得太远同样也会产生问题。行距和形成平面构成中的"面"这个元素是分不开的，不同的行距构成面的不同密度，也就是文章段落呈现的灰度。在常规情况下，如果字距为 10 点，行距就为 12 点，当然有特殊要求的版面就不能按照这样的间距排版了，可以根据要求进行调整。在 Photoshop 中调整行距的方法，如图 2-39、图 2-40 所示。

图 2-39 行距调整　　图 2-40 不同行距效果

5. 文本取向（方向）

报纸、杂志常用的排版方式有三种，即中国传统的竖排版、不规则的多样排版和现在常用的横排版，如图 2-41、图 2-42、图 2-43 所示。

图 2-41 竖排版（学生作品）　　图 2-42 多样排版（学生作品）　　图 2-43 横排版（学生作品）

在 Photoshop 中调整文本取向的方法如图 2-44、图 2-45 所示。

图 2-44 设置文本取向　　图 2-45 横、竖文本取向效果

2.3.2 文字编排的基本形式

在进行文字编排时,首先要知道段落面板上所有的功能都是对段进行设置的。只要按过一次回车键的文字就是一段,即使只写了一行、半行字就按了回车键也是一段,因此只需在这一段的任意位置插入光标就可以对其进行面板上任意的一个功能设定了,即光标插入在哪段就会对哪段进行命令设定,而其他段不受任何影响,如图2-46、图2-47所示。

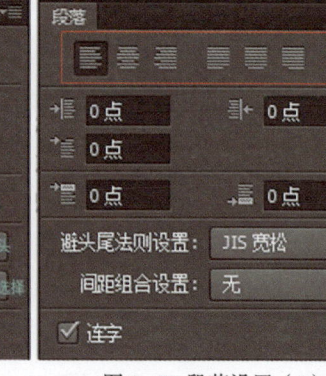

图2-46 段落设置(1)　　图2-47 段落设置(2)

1. 段落对齐样式

(1) 齐左或齐右

齐左或其右的排列方式使文字段落看上去有松有紧、有虚有实,节奏感较强。行首或行尾自然出现一条清晰的垂直线,在与图形的配合上易于协调并取得同一视点。齐左显得自然,符合人们阅读时视线转移的习惯;相反,齐右就不太符合人们阅读的习惯及心理,因而较少使用,但齐右的文字编排使文字段落显得较为新颖,因此,许多独具创意的版面常采用这种对齐方式,如图2-48所示。

Photoshop软件中段落属性的基本操作

Photoshop软件中段落样式的设置

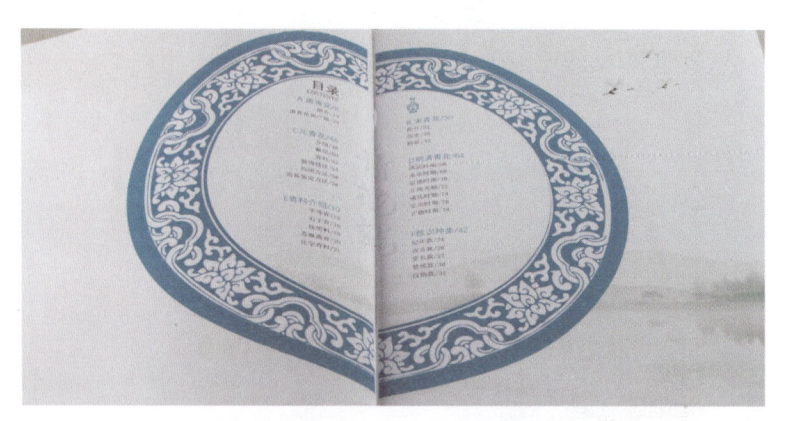

图2-48 书籍设计(1)(学生作品)

(2) 左右均齐

使用此种对齐方式可以使文字段落的首尾排列整齐,远观文字段落,整个版面显得端正、严谨、美观,这种对齐方式也是目前书籍、报纸中很常用的,如图2-49所示。

(3) 居中对齐

此种对齐方式是以中心为轴线,文字由中心轴线向两旁呈现出发射对齐的效果。其特点是中心更突出,版面的整体性更强。用文字居中对齐排列的方式配置图片时,可以使

图2-49 书籍设计(2)(学生作品)

文字的中心轴线与图片的中心轴线对齐，以取得整齐统一的版面效果，如图 2-50 所示。

图 2-50 宣传单页设计（学生作品）

2. 首行缩进

如果用的字号是 14 点，那么首行要缩进 2 个字符就是 14×2 点。如果不是整数的字号，也同样是缩进几个字就乘以几。有了这个功能，在每一段开始时打字就可以不用按回车键了。

3. 左右缩进

同样，左缩进和右缩进的点数设定也都是按文字点数大小来缩进几个字就乘以几。整体对文字设定了"左缩进"30 点和"右缩进"30 点后，出现了明显的效果变化。

4. 段前加空格和段后加空格

在整体对文字进行调节段距时，"段前加空格"和"段后加空格"两者的功能完全一样，可任选其一来执行此命令的设定。当插入光标后，这两个功能可以任用一个，也就是说用其中的一个命令可以完成另一个命令的效果。比如在第一段中，只能使用"段后加空格"来增加段距（因为第一段没有段前）。而当光标插入第二段时却可以使用"段前加空格"来完成之前在第一段时所使用的"段后加空格"的设定效果，两者调节的段距高度是完全一致的。设定这两个功能是为了方便操作者工作。

5. 避头尾法则

避头尾法则是针对标点符号来处理的，以略微的拉大或缩小字距使标点符号不会出现在行头。调节后的图是整体使用了避头尾法则的效果，可以看出段落文字中只要有标点符号在行头的都会避去。

Photoshop软件中避头尾法则设置

项目实战

项目 1　书籍版式设计

　　书籍版式设计是指在既定的开本上，对书稿的结构层次、文字、图形等做艺术而又科学的处理，使书籍内部各个组成部分的结构形式既能与书籍的开本、装订、封面等外部形式协调，又能给观者提供阅读上的方便和视觉享受。所以说，版式设计是书籍设计的核心部分。

1. 版式风格

（1）古典版式设计

　　自五百多年前，德国人谷腾堡确定了欧洲书籍艺术以来，至今处于主要地位的仍是古典版式设计。这是一种以订口为轴心左右页对称的形式。内文版式有严格的限定，字距、行距有统一的尺寸标准，天头、地脚与内、外白边均按照一定的比例关系组成一个保护性的框子。文字油墨深浅和嵌入版心图片的黑白关系都有严格的对应标准。

（2）网格版式设计

　　网格设计产生于二十世纪初，完善于二十世纪五十年代的瑞士。就是把版心的高和宽分为一栏、二栏、三栏，甚至更多的栏，由此规定了一定的标准尺寸，并运用这个标准尺寸来安排文字和图片，使版面取得有节奏的组合，产生优美的韵律关系，未印刷部分成为被印刷部分的背景，如图 2-51 所示。

图 2-51　书籍设计—网格版式（学生作品）

（3）自由版式设计

自由版式的雏形源于未来主义运动，大部分未来主义平面作品都是由未来主义的艺术家或者诗人创作的，他们主张作品的语言不受任何限制而随意组合，版面上的内容都应该无拘无束，自由编排，其特点是利用文学作为基本材料组成视觉结构，强调韵律和视觉效果。自由版式设计同样必须遵循设计规律，同时又可以产生绘画般的效果。根据版面的需要，某些文字能够融入画面而不考虑它的可读性，同时又不削弱主题，重要的是按照不同的书籍内容赋予它合适的外观，如图2-52所示。

2. 现代书籍的版式设计

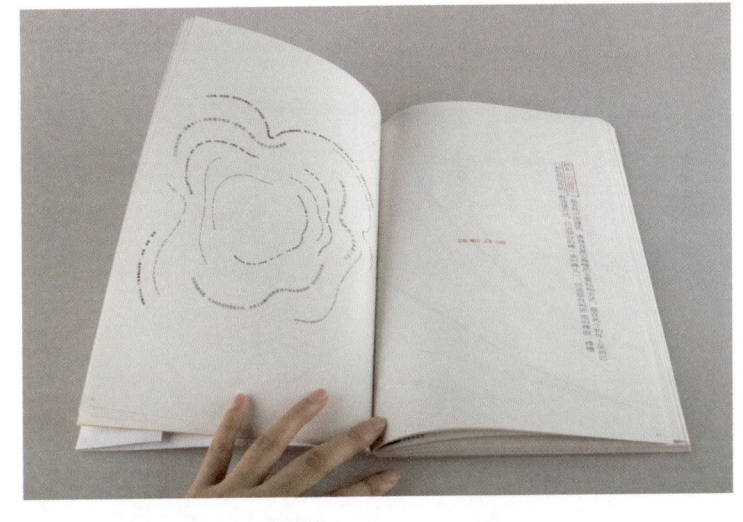

图2-52 书籍设计—自由版式（学生作品）

文字、图形、色彩在版式设计中是三个密切相关的表现要素，就视觉语言的表现风格而言，在一本书中要求做到三者相互协调，书籍本身有许多种形式，因此在版式设计上要求各异。

（1）文字群体编排

文字群体的主体是正文，全部版面都必须以正文为基础进行设计。一般正文都比较简单朴素，主体性往往被忽略，常需用书眉和标题引人注目，再通过前文、小标题将视线引入正文。文字群体编排的类型有：左右对齐——将文字从左端至右端的长度固定，使文字群体的两端整齐美观；行首取齐——将文字行首取齐，行尾则顺其自然或根据单字情况另起下行；中间取齐——将文字各行的中间对齐，组成平衡、对称、美观的文字群体；行尾取齐——固定尾字，找出字头的位置，以确定起点，这种排列形式奇特、大胆、生动。

（2）图文配合的版式

图文配合的版式排列千变万化，但有一点要注意，即先见文后见图，图必须紧密配合文字。

以图为主的版式：儿童书籍以插图为主，文字只占版面的很少部分，有的甚至没有文字，除插图形象要求统一外，版式设计时应注意整本书籍视觉上的节奏，把握整体关系。以图片为主的版式还有画册、画报和摄影集等。这类书籍版面率比较低，在设计骨骼时要考虑好编排的几种变化，有些图片旁需要放少量的文字，在编排时注意在色调上文字要与图片拉开，构成不同的节奏，同时还要考虑文字与图片的统一性，如图2-53所示。

图2-53 以图为主的版式设计（学生作品）

以文字为主的版式：以文字为主的书籍，同时也有少量的图片，在设计时要考虑书籍内容的差别。在设计骨骼时，一般采用单栏或双栏的形式，灵活地处理图片与文字的关系，如图 2-54 所示。

图文并重的版式：一般文艺类、经济类、科技类等书籍采用图文并重的版式。可根据书的性质以及图片的面积进行文字编排，可采用均衡、对称等构图形式。现代书籍的版式设计在图文处理和编排方面，大量运用电脑软件来进行综合处理，这不仅带来了许多便利，还出现了更多新的表现语言，极大地促进了版式设计的发展，如图 2-55 所示。

图 2-54 以文字为主的版式设计（学生作品）

图 2-55 图文并重的版式设计（学生作品）

项目 2　书籍设计的要点

1. 勒口的设计

勒口通常用来放置图书内容描述、评论者的评论文字、作者简介及其他信息等，在书籍中能起到辅助信息传达与坚固封面、保护书心的作用。

勒口是封面设计视觉节奏的延伸；在色彩、视觉要素的运用方面，特别是文图信息的组织和重构方面，勒口要与封面相呼应、相协调。设计者要准确把握勒口的作用，准确表现文图信息，视觉要素不能太多太杂，要讲究细节、精致。勒口的宽度很重要。一般来说，32 开书籍勒口的成品宽度不要小于 8 cm。勒口的宽度不能太小，否则包不住衬封，翻动时就会脱离书籍衬页，显得小气，但也不能太大，要考虑成本消耗、纸张开本的有效利用这两个因素，如图 2-56 所示。

图 2-56 勒口设计（学生作品）

2. 书名的设计

要设计好书名，首先要深入分析书名文字，研究字体结构和特点：一是要从文字的字形、结构、特点入手，找到创意的突破口；二是要从文字的信息内容上发现亮点，利用平面构成原理，使文字图形化。书名设计的要点：位置醒目、字体粗大、对比强烈，如图2-57所示。

图2-57 书名设计（学生作品）

3. 书脊的设计

书脊可以分为两种，即方脊和圆脊。书脊上的信息主要有：作者姓名、书名、出版单位和出版单位标识。书脊设计的要点：简洁、醒目、对比强烈，如图2-58所示。

图2-58 书脊设计（学生作品）

4. 页眉的设计

在书籍上，每个页面的顶部区域便是页眉。页眉的设计要求精致、简洁、集中，字与线的对比可以形成衬托、装饰。页眉的作用：装饰版面，增加视觉层次，区分栏目信息。

5. 页码的设计

页码的位置既可以在版心的下面靠近书口的位置，也可以在书的左、右外侧。通常设置在版心之外，尽量不占版心位置。如果放满版出血图片时，原来页码的位置被图片占用，应将页码改为暗码，但暗码不宜连续出现。

6. 环衬的设计

位于封面后的叫前环衬，位于封底前的叫后环衬。环衬多见于精装书籍。环衬的作用是保持封面平整，保护书心，增加装饰美感。还可以作为逐步引向正文的装饰。在设计时，可以根据书籍主题的内涵，配以简单的套色或与书籍内容相关的装饰图形，或者直接配上专用的环衬纸。精装书环衬的色料很讲究，它的色彩和质地往往与书籍主体吻合，并且前、后环衬遥相呼应，起到提升主题的作用。在设计时，一是要把握好环衬的色彩；二是要把握好纸材的质感。如图2-59所示，此书籍环衬用的是有透明度的硫酸纸，具有朦胧感。

图2-59 环衬设计（学生作品）

项目 3　书籍设计鉴赏

1.2004 年度"世界最佳图书"金奖（唯一）：《梅兰芳（藏）戏曲史料图画集》

这本书籍的装帧方式比较特殊，运用传统的线装的方式，在书籍装帧课上会有这方面的讲解。打开方式是自右向左，读者能够从纸张的色彩、重量，到装订风格、外包装设计文字的传统的排版特点等细节中体会到设计者的匠心。虽然样式传统，却充溢着现代技术美感，装帧精致，古雅大方，一着眼便令人赏心悦目。在今后的学习和设计中，我们可以学习和传承这种传统的排版及装帧方式，如图 2-60 所示。

图 2-60 书籍设计《梅兰芳（藏）戏曲史料图画集》

2.2006 年度"世界最美的书"金奖：《曹雪芹风筝艺术》

《曹雪芹风筝艺术》一书除了本身的学术、艺术、历史、文化价值外，图书的艺术设计也是十分引人注目和值得称道的。书籍设计理念的新颖、独特，装帧形式的古朴、典雅，以及书籍整体凝聚在厚重的中国传统文化中的古典艺术美，是其获得"世界最美的书"称号的主要原因和决定性因素，如图 2-61 所示。

图 2-61 书籍设计《曹雪芹风筝艺术》

3.2007 年度"世界最美的书"铜奖:《不裁》

"世界最美的书"评委会给《不裁》的评语:"设计上采用毛边纸,边缘保留纸的原始质感,没有裁切过。封面上特别采用缝纫机缝纫的效果,两条细细的平行红线穿过封面,使书脊和封底连成一体。材质极普通,形式与内容融为一体。"

书中内容大部分为随笔,书名"不裁"意为希望不显现琢痕,也是谐音"不才"的谦意。设计师巧妙地将文字内容和风格体现在装帧上:在书的前环衬设计了一张书签,可随手撕开做裁纸刀用,书需要边裁边看,也就是说观者必须参与裁书才能帮助全书成形。

本书的装帧将书设计成需要边裁边看,让阅读有延迟、有期待、有节奏、有小憩,最后得到一本朴而雅的毛边书。所有藏书票和插图均由作者古十九手绘,这些被作者自嘲为"原生态"的画作,和《不裁》的文字、装帧一样,洋溢着日常生活中的文人气息,如图 2-62 所示。

图 2-62 书籍设计《不裁》

4.2008 年度"世界最美的书"特别制作奖：《蚁呓》

此书的设计亮点之一是也可以把它当作一本特殊的笔记本使用；读者可以在书后的空白页上记录下阅读过程中的感悟和思想，可以写成文字，也可以绘制图形；如果读者愿意与更多的人分享体验，可以裁下这些纸页作为赠送朋友的贺卡，也可以把各种形式的作品以邮寄或电子邮件的方式寄送出去。与读者的互动性设计也就是情趣性设计，是现代设计较为注重的地方，也是有所欠缺的地方，同学们在今后的设计中应该加强这方面的训练。

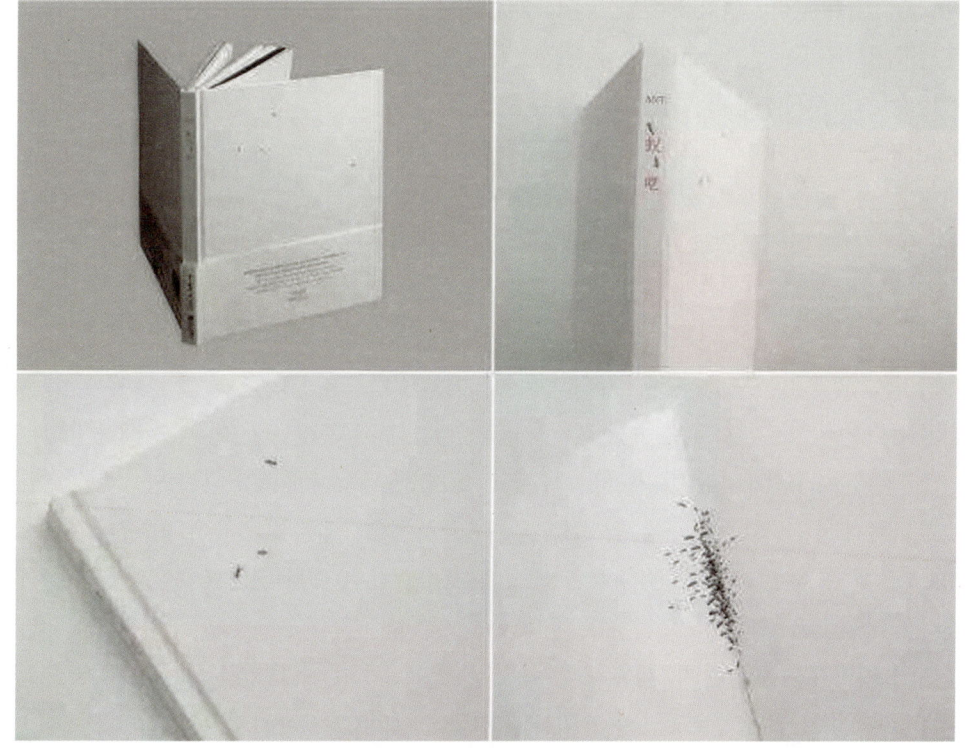

图 2-63 书籍设计《蚁呓》

项目 4 书籍设计项目实战

在制作过程中考虑到该书应体现中国民族特色文化，并且应符合现代人审美习惯，特此把主题范围定为民间工艺艺术。经过对资料的搜查，再次缩小范围，确定主题内容为"中国青花瓷"，如图 2-64 所示。

1. 封面

在封面设计上，选择了能够直接反映书籍内容、突出主题的青花瓷图案进行美化装饰。为了使画面产生美感，用"瓷"字和连续的青花图案组成了圆形纹样，增加了其艺术感。图形的大小对比、文字的疏密安排，都为书籍封面增添了不少光彩。书名文字选择大号字体，呈垂直上居中构图，庄严且醒目。为搭配整本书的内容及风格设计，书名选择了中国书法字体，既显示了中华文字独特的魅力，又与书的主题呼应。而书籍作者和出版社等稍微次要的文字设计则以小号的字来区分，在达到装饰效果的同时也显示了中国古代文字的独特魅力及强烈的民族性。

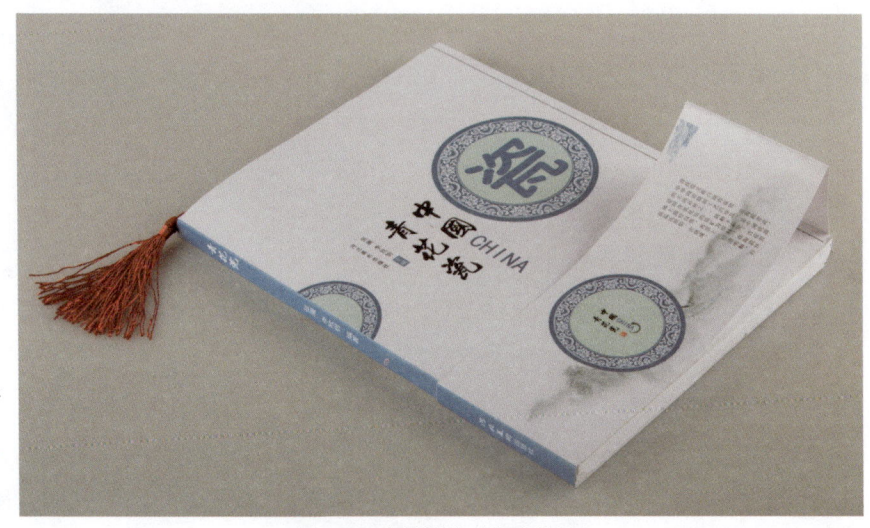

图 2-64 书籍设计（学生作品）

2. 封底及书脊

封底上通常放置出版者的标志、系列丛书名、书籍价格、条形码及有关插图等。一般来说，封底尽可能设计得简单一些，但要和封面及书脊的色彩、字体编排方式统一。此作品的封底为了设计上统一选用了封面的主图案作为元素来展开设计。书脊就是书的脊背，它连接书的封面和封底。书脊的厚度要计算准确，这样才能确定书脊上的字体大小。通常书脊的上部分放置书名，字较大；下部分放置出版社名，字较小。如果是丛书，还要印上丛书名，多卷成套的要印上卷次。设计时还要注意书脊上、下部分的字与上、下切口的距离。此作品书脊再次注明编著者、书名以及出版社名，设计元素（文字、图形、色彩）和封面及封底的风格保持了一致性，起到了连接的作用，方便观者取阅与辨认。

整本书采用青花色为主色调，与青花瓷器的色调统一、协调。书籍整体看上去平整、饱满、美观、现代感强。底纹颜色亮度较低，而瓷器插图呈高明度，使整个封面主次分明，层次清晰，如图 2-65 所示。

3. 环衬页

在封面与书心之间，有一张对折双连页纸，一面贴牢书心的订口，另一面贴牢封面的背后，这张纸被称为环衬页，也叫作蝴蝶页。我们把在书心前的环衬页称作前环衬，书心后的环衬页称作后环衬。环衬页把书心和封面连接起来，使书籍有较大的牢固性，也具有保护书籍的功能。环衬页一般选用白色纸或淡雅的有色纸，虽然上面没有文字内容，但也是书籍整体设计的一部分。环衬的色彩、构图应与护封、封面、扉页、正文等的设计一致，并有节奏感。一般书籍前环衬和后环衬的设计是相同的，即画面和色彩都是一样的，但也有因内容的需要，前、后环衬页的设计不相同的。

4. 扉页

扉页在环衬的后一页，是书籍内部设计的入口，也是对封面内容的补充，它包括书名、著译者名称、出版社名称等。扉页既要与封面的风格保持一致，又要有所区别，避免与封面产生重叠的感觉，如图 2-66 所示。

5. 目录页

目录又叫目次，是全书内容的纲领，它摘录全书各章节标题，表示全书的结构层次，以方便观者检索。当目录中标题层次较多时，可用不同字体、字号、色彩及逐级缩进的方法来加以区别，其设计要条理分明。目录通常放在正文的前一页。此作品目录采用跨页编排，整体版式与内文相呼应，具体章节版式整齐且对称，便于观者查阅，如图 2-67 所示。

图 2-65 书籍设计——封面（学生作品）

图 2-66 书籍设计——扉页（学生作品）

图 2-67 书籍设计——目录（学生作品）

图 2-68 书籍设计——内页（学生作品）

6. 内页

版心也称版口，指书籍翻开后两页成对的双页上容纳图文信息的面积。版心的四周留有一定的空白，上面的叫作上白边，下面的叫作下白边，靠近书口和订口的空白分别叫作外白边和内白边，也依次被称为天头、地脚、书口和订口。这种双页上对称的版心设计，我们称为古典版式设计，是书籍千百年来形成的模式和格局。版心在版面的位置，按照中国直排书籍的传统方式是偏下方的，即上白边大于下白边，便于观者在天头加注眉批等内容。而现代书籍绝大部分是横排书籍，版心的设计取决于所选的书籍开本，要从书籍的性质出发，方便观者阅读，寻求合适的高和宽、版心与边框、天头与地脚和内外白边的比例关系，如图2-68、图2-69、图2-70所示。

图 2-69 书籍设计——内页（学生作品）

7. 版权页

版权页大都设在扉页的后面，也有一些书设在书的最后一页。版权页上的文字内容一般包括书名、丛书名、编者、著者、译者、出版者、印刷者、版次、印次、开本、出版时间、印数、字数、国家标准书号、图书在版编目（CIP）数据等，是国家出版主管部门检查出版计划情况的统计资料，具有版权法律意义。版权页形式各异，但在内容上却有明确的规定，并且大多数图书版权页的字号小于正文字号，版面设计也较为简洁。

图 2-70 书籍设计——内页（学生作品）

实践技巧

技巧 1 字体的选择（以书籍设计为例）

字体是书籍设计的基本因素，可能它的美感不仅能随着视线在字里行间移动，还会令观者产生直接的心理反应。因此，当版式的基本格式定下来以后，就必须确定字体和字号。以书籍设计为例：

（1）宋体字具有端庄、稳定的风格，字形方正，结构严谨，笔画横细竖粗，在印刷字体中历史最长，用来排印书版时，字迹整齐均匀，阅读效果好，是一般书籍最常用的字体，多用于排文章的内文。

（2）仿宋体是摹仿宋版书的字体。其特征是字形略长，笔画粗细匀称，结构优美，适合排印诗集和短文，或用于序、跋、注释、图片说明和小标题等。由于它的笔画较细，长时间阅读容易损耗视力，因此不宜排印长篇的书籍。

（3）楷书柔和秀丽，字体端正规范，间架结构和运笔方法与手写楷书完全一致，由于其笔画和间架结构整齐规范，容易辨认，广泛用于小学低年级的课本或是通俗读物。一般的书不用它排正文，仅用于短文和分级的标题。

（4）黑体又称为方体，是一种现代字体，黑体横竖笔画粗细一致，具有粗壮雄健、刚强稳重、朴素大方的特点，所以常被用来排印大标题和重点文句，显得突出醒目。但因其色调沉重，不便阅读，故不用它排印正文。

有些字体是电脑字库里没有的，需要直接借助电脑软件创作；还有些字体，需要靠手绘创制出基本字形后，再通过扫描仪扫描到电脑软件中进行加工。每本书不一定限用一种字体，但原则上以一种字体为主，以其他字体为辅。在同一版面上，通常只用二至三种字体，字体过多就会使观者感到视觉杂乱，妨碍视力集中，如图 2-71 所示。

字体的设计、选用是版式设计的基础。在选用的字体中，可考虑加粗、变细、拉长、压扁或调整行距的方式来变化字体形态，使之产生丰富多彩的视觉效果。不同类型的文章有不同的情调和风格，在设计上要注意形式与内容的搭配。例如：经济政治类书籍宜用稳重严肃的黑体或端庄严谨的宋体做标题，以增加版面的严肃感，如图 2-72 所示；文学艺术类书籍则宜选用活泼变形的字体，富于变化的曲线，加上各种装饰效果，能对读者产生视觉感染力和冲击力，如图 2-73 所示。

图 2-71 书籍设计（学生作品）　　　　图 2-72 书籍设计（学生作品）　　　　图 2-73 书籍设计（学生作品）

技巧 2　标题文字的应用（以广告设计为例）

平面设计除了要在视觉上给人一种美的享受外，更重要的是向广大的消费者传达一种信息、一种理念。因此，在平面设计中，不仅要注重视觉上的美观，还应该考虑信息的传达。标题主要是表达广告主题的短文，在平面设计中起到画龙点睛的作用，为了获取瞬间的打动效果，经常运用文学的手法，以生动精彩的短句和一些形象夸张的手法来唤起消费者的购买欲望。标题文字不仅要引起到消费者的注意，还要争取打动消费者的心。

1. 广告标题的基本要求

标题是广告文案乃至整个广告作品的总题目，是广告利益诉求的点睛之笔。将广告中最重要的、最吸引人的信息通过简短的标题表现出来，有利于吸引受众对广告的注意力，使他们继续关注正文。

2. 广告标题的三大特征

（1）逻辑性

标题应该简洁、明了、易记，可以是概括力强的短语，而不一定是一个完整的句子，它是广告文字最重要的部分。标题文字不适宜过长，往往三四个字为一个停顿。作为设计师，要懂得如何提炼标题文字的主次和语法逻辑，让观众读完之后就能捕捉到商品所表达的意思。例如：我相信我会飞！在设计的时候，可以提炼为：我相信，我会飞。提炼后，马上明了目的是我会飞。再如：一切皆有可能。停顿应该是：一切，皆有可能。又如：科技以人为本。停顿应该是：科技，以人为本。科技怎样呢？就是以人为本。准确的文字提炼，能让用户快捷地捕捉到要点字眼。但是如果标题文字停顿和重点文字颜色的配合、文字转行或者颜色变化使用不当会引起误会。所以请注意提炼重点文字逻辑和提炼停顿的技巧，这些会直接影响信息传达效果。如图 2-74 所示，海报的标题是《"鱼"你相关》，表明了鱼在我们生活中的重要性，从而表现了海洋对我们的重要性这一主题。

（2）整体性

一般广告语标题在设计上都采用基本字体，或者略加变化，不宜太繁复，要力求醒目、易读，符合广告的表现意图。标题文字的形式要有一定的象征意义，粗壮有力的黑体给人有力量的感觉，适用于电器和轻工商品；圆头黑体带有曲线，适用于妇女和儿童商品；端庄敦厚的老宋体，适用于传统商品标识，既突显稳重又带有历史感；典雅秀丽的新宋体，适用于服装、化妆品；而斜体字的运用能给画面带来风感和动感。

标题文字尽量用相同的字体，在平面设计上标题文字要突显于版面上，所以标题的整体性尤为重要。如果文字过多，整体结合性不强，那么在点多于面的视觉上就会显得松散、没力，压不住场。更多的时候，标题其实最好是一个面，如图 2-75 所示，以海洋的蓝色为背景，体现人类和鱼本是一体，同在水中生。其中对"伤心鱼绝"进行了整体性设计的表现，将鱼和人字进行结合，体现了若鱼死了人也就不能存活、海洋中人鱼共生的中心思想。

（3）引导性

标题在整个版面上处于最醒目的位置，应注意配合插图造型的需要，运用视觉引导使观者的视线从标题自然地向插图、正文转移。例如：杰士邦将"越投入，越热爱"的标题与插画融为一体，形成了自己的个性，形象地说明了产品的质量，让人感到生动、活泼，如图 2-76 所示。引导性的标题需要和图片的互动比较多，因此比较生动。

3. 造字的效果

在一个广告上，虽然文字始终是文字，但是我们可以利用自身的美术感觉把文字变成图形，将会出现画龙点睛的效果。散字是点，排版完就是线，把重点文字提炼出来，变化一下让它成为图，那么点、线、面就是永恒不变的结合。造字既有挑战，也有成就感。在造字时，首先应了解主题所表现的内容，根据内容来变化。如图 2-77 所示，海报"蒸蒸日上"中的"日"字与其产品结合在一起进行了设计，表现出海报中产品的重要性。

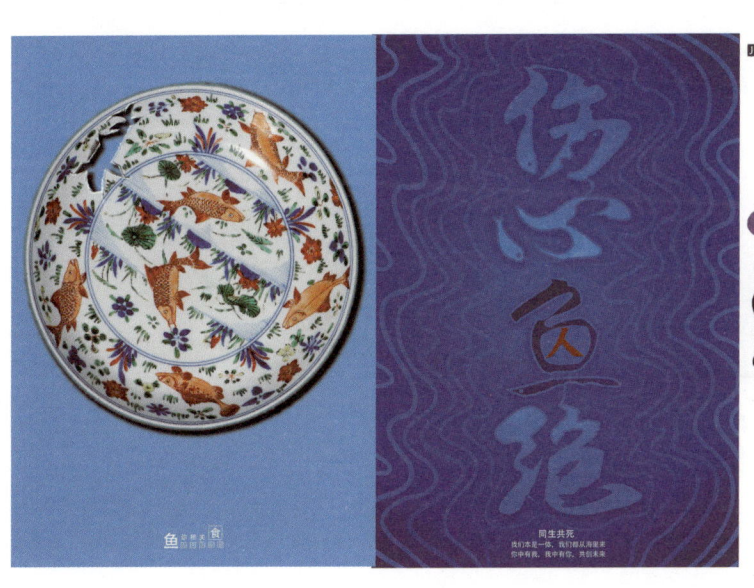

图 2-74 "鱼"你相关　　图 2-75 伤心"鱼"绝 　　图 2-76 越投入，越热爱 　　图 2-77 蒸蒸日上

技巧 3　汉字与英文的搭配

1. 罗马体

罗马体指的是笔画前端有爪状或线状的"衬线"字体，因为这种样式的大写字母来自古罗马，所以被称为罗马体，同时也被称为衬线体或者饰线体。

罗马体在英文排版中使用很广泛，在和中文搭配时，尤其是与宋体、仿宋等字体都能很好地呼应。当然，罗马体也有很多可选的字体，在茫茫字海中挑选字体的关键是要看字形的笔画特征。如图 2-78 所示，这两款中英文是十分相近的，在实际运用时，建议大家再从细节入手，把这两款字形再调得更接近一点。相比来看，如果将右边组合中的英文换成无衬线体，那么彼此就显得不太相容，除非是故意表现这种相撞的感觉，否则会弃用这一组合。

2. 无衬线体

无衬线体就是没有衬线的字体。在现代商业中，其由于简练的外观，越来越多地被采用。它作为活字登场于 19 世纪，而被广泛使用则是 20 世纪以后。

如果要推选能与无衬线体相协调的中文字体，那无疑就是我们常见的黑体，黑体其实也就是中文界的无衬线体。如图 2-79 所示，中文使用的是"思源黑体"，左边的英文所采用就是无衬线"Nexa"，而右边的英文所采用的是衬线体"Javanese Text"。可以看出，左边的组合更能传递出干练明晰的感觉，而右边则略显退缩。黑体和无衬线体的搭配，更有助于信息传达的直接性。

除了比较传统的黑体能搭配无衬线体的英文，其他的黑体一样可以搭配出不错的效果。中文字体在黑体基础上也有很多变体，这些笔画的不同表现，需要找寻的依然是笔画特征的协调性。

图 2-78　文字中英文结合

图 2-79　文字中英文结合

实践技巧

任务1　设计书籍封面

主题：《民间美术》封面设计

尺寸：自定义，在设计时结合主流推荐合适尺寸

分辨率：300 dpi

色彩模式：CMYK

设计要求：

1. 关于色调、字体等，请结合书籍类型和基调酌情考虑，至少提供三种不同方案。

2. 正面：简洁，可以加背景图片，看到封面应该让人总体感受到书的类型和基调，文字字体和包含内容请自由发挥（必须包括书名、作者名、出版社名）。

3. 书脊：因未确定书心厚度，所以麻烦设计师在设计的时候注意一下，等封装的时候可以适当调整。

4. 背面：设计风格要保证与正面一致，其他自定。

5. 勒口：请自由发挥。

任务2　设计活动海报

主题：以装饰风格为主制作海报，如音乐会海报、展览海报、讲座海报等文化娱乐性主题。

尺寸：100 cm × 70 cm

分辨率：300 dpi

色彩模式：CMYK

设计要求：

画面主题鲜明、视觉风格独特；信息表达准确、诉求明确；制作精良、表现手法新颖；原创性强。

单元三

图形——创意

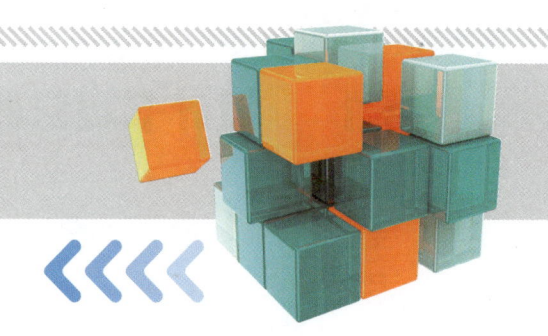

理论目标	掌握版式设计中编排构成要素图形的创意方法、图片的编排规则及图形在版式设计中的应用。
实践重点	掌握版式设计中图片的最佳裁剪方法、图片在软件中的处理技巧及与文字的搭配方式并完成画册命题作业。
职业素养	要求学生掌握图形创意方法及图片编排规则，培养学生创新思维和实践能力，在创作中获得自信自立、勇于开拓、敢为人先的创新精神。

知识讲解

图形的英文是 Graphic，原意为图解、图示，引申为说明性的视觉符号。图形是人类语言的一种形式。这种语言是人类除发音语言、肢体语言以外，借助身体以外的其他媒体进行信息传递的形式。它是所有能够用来产生视觉图像并转化为信息进行传达的视觉符号。图形不是现实物态的简单再现和描摹，需加入创作者的主观意识并呈现出不同于现实形态的新形式。简单地说，图形就是具有文字语言的内容、类似绘画影像的形态、在传播领域传递信息的视觉形象。图形其实就是一种视觉符号。"图"，即图画、图案，是一种表现方法，具有可视性；"形"，即有形式的无形意念，也就是思维方式，不具有可视性。

图形的功能主要是传达信息，具有超越国界和语言障碍的、得天独厚的优越性，是一种能够直观传达信息、交流思想的特殊语言形式。人类很早就懂得如何利用图形符号来进行信息交流。它的雏形可追溯到上古时期，最简单的图形语言是人类早期使用的刻木、结绳、堆石以及东方的象形文字等，如图 3-1 所示。随着人类思维、社会活动的复杂化，图形也变得复杂起来。人类所使用的语言有上千种，人与人在沟通时会不可避免地存在语言上的障碍，而图形语言可以打破这种障碍，有利于信息的交流与传播。在人类交往活动日益频繁的今天，图形语言的地位显得尤其重要了。图形必须有效保证视觉信息充分准确地传播，同时还要顾及受众的理解和接纳程度。

图形是图片的一种形式。图片比文字有更高的视觉度，更直观也更引人注目，很少需要抽象思维，可打破语言的樊篱。无论中外，在识字人数很少的年代，传播文化主要靠的是图片，如故事画和壁画等。现代人虽然几乎都识字，但信息量太大，图片仍是一种迅速有效的重要传播手段。

图片主要包括照片和插图。照片能够让对象真实再现，让人信服。但设计中的照片不只是简单地再现商品的形象，而是着力于画面的美感与意境，因而具有强烈的艺术感染力。广告中用到的照片一般还要经过电脑加工和处理，以表现出独特的感染力。所以，照片具有效果逼真、印象深刻及利于推销等优点，如图 3-2 所示。

图 3-1 木刻文字

图 3-2 东缇岛主题广告（学生作品）

3.1 图形的发展历史

从根源上来讲，图形的产生可以追溯到远古时期的图腾纹样、岩洞壁画等原始图形符号。最初产生绘画是出于现实的需求，是为了记载事实、表现思想。古人在岩壁上绘制图案不仅是为了装饰，更重要的是寄托某种精神与宗教的信念，具有一定的实际目的，如图3-3所示。

图3-3 云南沧源岩画

3.1.1 图形起源的三个历史阶段

第一阶段：远古时期人类的象形记事性原始图画。
第二阶段：一部分图画符号演变而形成文字。
第三阶段：文字产生后带来图形的发展。

3.1.2 图形发展的三次重大革命

第一次革命是由原始符号演变成文字，文字的出现使符号具有了一定的规范，成为记事和识别的重要手段，并使信息得以在一定范围内传播。

第二次革命源于中国造纸术和印刷术的诞生，纸的发明促进了文字和图画的传播与应用，印刷术的发明使视觉信息得以批量化复制。图画成为固定意义的符号和交流的媒介，面向的受众更多，传播的范围更加广泛。

第三次革命始于19世纪的科技和工业的变革，最具代表性的是摄影的发明和由此带来的制版方式及印刷技术的革新。传播的广泛性进一步扩展，图形真正成为一种世界性语言。

3.2 图形的创意

所谓创意，即寻求新颖、独特的某种意念、主意或构想，是一种有思想、有意识的创造性行为；是一种想象，一种无止境的联想；是人类思维创造活动的过程。

图形创意是指以图形为造型元素的说明性图画形象，经一定的形式构成和规律性变化，赋予图形本身更深刻的寓意和更宽广的视觉心理层面的创造性行为。图形作品取决于创意，创意又直接影响到信息传播的有效程度，信息传播的有效程度直接关系到社会经济和文化的发展。图形创意作为设计的基础教育，解决的是在一切视觉传达艺术中视觉形象的创造和视觉语言的表述问题。

如图3-4所示，是大众新甲壳虫车成为2003年国际乒联职业巡回赛总决赛的指定用车的宣传广告。图形呈现在眼前的是乒乓球和乒乓球拍，构成的图形是仿新甲壳虫车的外形影像，生活中的元素、贴切的比喻，构成了有趣且直观的形像。

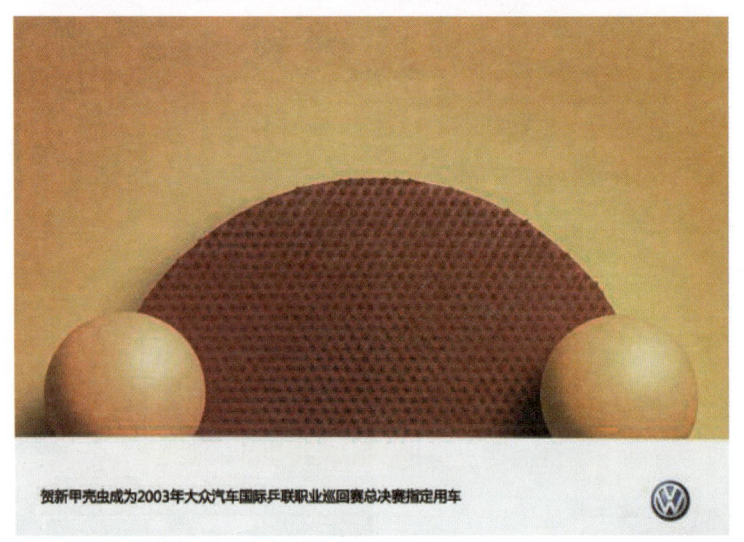

图3-4 大众主题广告设计

● **创意的思维基础——联想**

所谓联想，是指根据一定的相关性从一个事物推想到另一个事物的思维过程。

联想可以是由一点出发呈面状向四面发散（发散联想——尽可能想象所有与主体相关的形象，想象出的形象是完全围绕同一主题进行的），如由圆的形态联想到各种具有这一特征的事物：钟表、光盘、水管的断面、太阳、风扇、波等；也可以是按意识从一点开始层层推演以线型发散（连带联想——从某一形象元素进行连续的逻辑推演的联想方式，包括通过一个物象的形象和意象而引发的相关的、连贯的各种联想），如从圆开始，到画圆的圆规—文具—使用者（学生）—教室—教学楼—建筑设计师……

联想是创造力的源泉，人类在联想之中不断获得新的发现，从而不断发明、创造。创意，就是以此为开端，去拓展我们的思想、深化我们对事物的理解，最后获得创造的启示。联想，可以将诸多相距遥远的事物、概念，甚至毫无关联的要素相互连接起来，使之在偶遇、交合、撞击中产生诗意的燃烧。联想，是化平淡为神奇的魔器，是我们在艺术创作中，创造新意和意境的基础思维。联想，可以将无形的、抽象的某种理念和心理状态转化为一种具体的形象。

3.2.1 图形创意的原则

图形创意的高明之处就在于通过一系列的变化使图形产生新颖的视觉效果，赋予图形深刻的寓意，让人们可以从中体会到不同凡响的创意理念。优秀的图形设计作品往往取决于独特的创意。

1. 生动、简洁

生动、简洁是图形创意中的一个重要原则，因为越是生动、简洁的图形越容易被人所接受、理解，信息传递的速度越快、覆盖的范围越广，效果自然越好。画面在处理上舍去很多不必要的部分，出其不意的单纯，使整幅画面干净利落，使人在惊叹之余印象深刻。简洁的形式同样可以表现出生动、丰富的内涵，获得以少胜多的视觉效果。

2. 准确

信息表达准确的创意图形往往能够拨动人们的心弦，引起人们心灵的震撼，激发人们对作品的兴趣，强化人们对作品的记忆，激发人们深层次的思考，从而迅速、有效地理解作品的内涵。

3. 富有个性

有对比、有差异才会突显与众不同，才会富有个性。在图形设计中，设计创意的个性化会使人们从平凡的事物中领悟更深刻的视觉信息，在人的心里留下深刻的印象。个性化的图形也会给图形设计注入新活力，引起人们对信息本身更进一步的理解。

3.2.2 图形创意的方法

在图形创意中，最常用的手法是将现实中相关或不相关的元素形态进行组合，将元素的象征意义交叉形成复合性的传达意念。这种组合不是简单的相加、罗列，而是以一定的手法将不同元素整合为一个统一空间关系中的新元素，从视觉上看具有合理性，而从主观经验上看又是非现实存在的。

1. 换置复合

这个复合方式就是充分利用一个物象的局部与另一个物象的相似性，"偷梁换柱"式地将其组合成一个新的形象。换置复合必须具备的条件：两个物象的影像非常近似，几乎可以重合；物象之间的边缘线有可以吻合连接的地方，并且被换置部位的原部件与换置形在分量上有相似性。也就是说，换置组形方式又可以分为两种：一种是重像换置，如图 3-5 所示；另一种是嫁接换置，如图 3-6 所示。

换置图形的视觉效应：含蓄，两个元素的含合性比较好，对于局部已被换置的母形的大体特征和形象结构没有多大影响。但是，换置虽然常常是在局部进行的，甚至只占整个图形的很小面积，却往往又是最引人注目、特别突出的视觉重心，如图 3-7 所示。

图 3-5 插图设计（学生作品）　　　图 3-6 插图设计（学生作品）　　　图 3-7 王老吉主题广告设计（学生作品）

2. 填叠复合

填叠复合是通过做加法的方式将一种物象画在另一种物象表层，使两者的组合构成另一种物象或综合了两个元素含义的新形象。如图 3-8 所示，它使二维画面中的元素与画面承载物之间发生关系，产生虚实之间的错位，从而达到新颖有趣、抒情达意的效果。虚画图形中画面元素和承载物之间的关系是相互依存、相互约束的，主要表现在以下几个方面：

（1）承载物的性质影响画面的创意。由于载体是具体的物态，其本身就具有某种用处以及一定的象征意义，人们接触它一方面是为了其使用价值，另一方面也会很自然地产生一些相关联想。

（2）承载物的形态影响画面的构建。在虚画图形中，承载物不仅有自己内容上的意义，还有着形态上的特殊性。由于承载物是具体的物，有自己的体量、形状、肌理、结构等特征，设计者在创作画面时应巧妙地结合载体上的一些特点，将现实世界的元素组织到画面的虚拟世界中去，产生一种别样的趣味。

（3）画面对承载物进行重新定义。在虚画图形的创作中，承载物从内在和外在对画面创意进行影响，画面同样也对承载物进行反作用，特别是对承载物的重新定义更能产生出人意料的效果。

图 3-8 广告设计

3. 集结复合

聚集图形以创意为中心，运用多个元素进行形的组织。运用集结的方法，把多个物体形态、图形组合在一起或把单一相近的元素造型反复延伸或增加，置于一个空间范围以构成新颖的图形形式，或利用不用的组织方式构造另一个新的形象。个体元素的安排要以大局为重，服从整体的要求。如图 3-9 所示，整幅图运用拼图以及编织的形式集结成鱼的形状，来表现创造海洋的美的大标题，将它们连接在一起，绘制出海洋生物的形状，又用不同的彩色色块，来表现海洋具有创造梦想的寓意，用花色背景将鱼紧密相连，给人一种视觉美及对多彩生活的向往，对未来充满希望。

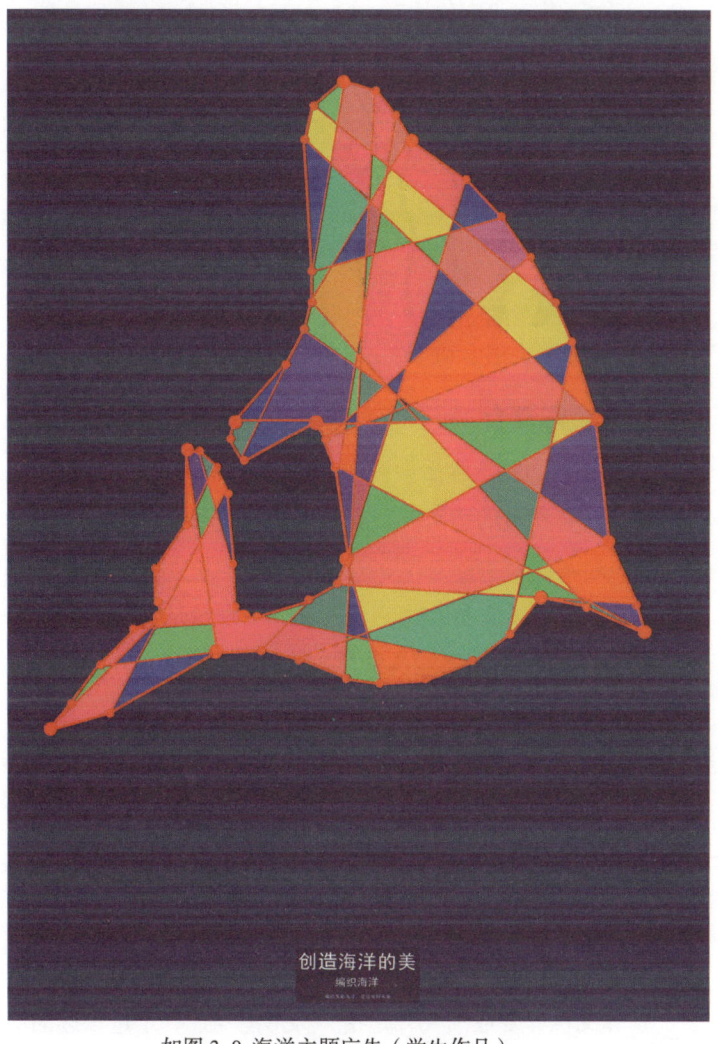

如图 3-9 海洋主题广告（学生作品）

4. 共生复合

共生复合是指几个物形通过共用某一部分或轮廓线，相互借用、相互衬托，以一种独特的紧密关系组合成一个不可分割的整体。共生复合的图形整体感强，共生的紧密关系常常用来象征事物间互相依存的含义，如图 3-10 所示。

图 3-10 插图设计（学生作品）

5. 正负形复合

所谓正形，是指画面中被认为是图的部分，它从背景中分离出来，具有积极的意义。与此相对的是负形，即图之外的背景部分，通常没有实际意义，是消极的。当组元素与记忆中的某种形态相近时，大脑会将它作为某图形形象从背景中分离出来，成为正形，而对于不能辨别形态意义的部分则被作为背景，即负形。

在图形创意中，正负形共生带有视觉心理上的不确定性，具有动感。由于图形与背景之间共用一条轮廓线，因此正负形同构可以说是共生同构中的一个特例。正负形复合最大限度地利用了画面，结构非常紧凑，在广告设计中应用广泛。

6. 延异复合

延异又称异变或渐变，是指一种形态经过一定过程逐渐演变成另一种形态。这类图形将两种形态元素分别完整呈现，借中间的过渡步骤将二者组织在一起，也是形与形的一种组合方式。在图形创意中，这种变化过程往往是非现实的，需要依赖设计者的视觉想象能力去构建变化的步骤。延异图形可以分为两类。一类是形与形纯形态的演变，可以是相似形渐变，即起点与终点的物形无必然联系，但形态较为相似；也可以是两个有一定逻辑关系但形态相差较大的物形间的渐变。另一类是某一物形自身的变化过程，这种过程展现的是对原物形的创造性想象的结果，完全摆脱现实中物体概念的束缚。如图 3-11 所示，表明了安全的奶制品对人身体的重要性，突出了食品安全重要性的中心问题。

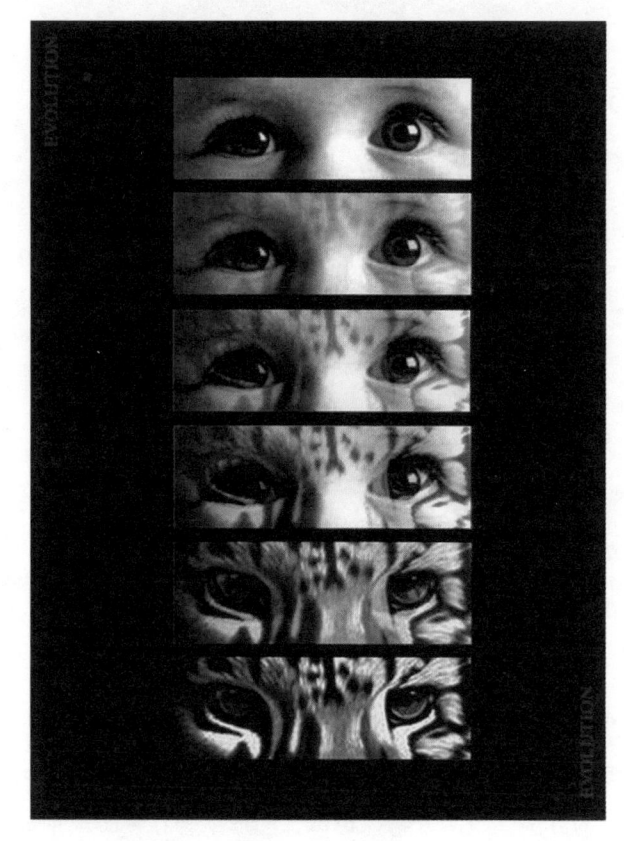

图 3-11 广告设计

7. 异影复合

异影复合以影子作为想象的着眼点，以对影子的改变来表情达意。影子可以是投影，也可以是水面倒影或镜中影像等。异影复合可以将事物所处不同时间下的状态、事情的因果关系、事物的正反两面、现象与本质等不同元素巧妙地组合在一起，如图3-12所示。

图3-12 广告设计

3.3 图片的编排规则

图片在版式设计中起着很直观的体现版面的作用，通过对图片的处理，可以展示出不同类型和风格的版面，在明确表达信息的同时清晰地展现版面的内容。图片不仅起着传递版面信息的作用，还能使观者从中获得美的感受。

图片在版面构成中占很大的比重，其视觉冲击力较强。版面中的图片能够具体而直接地把设计者的意念表达出来，从而使原本平淡的事物变成强有力的画面，赋予版面强烈的创造性。图片根据版面的需要分布在版面当中，因此要注意图片与图片的位置关系。图片在版面中的编排会影响到版面的视觉效果，有些图片在版面中分布得过于杂乱，会使版面显得杂乱无主题，统一图片分布，可以使版面显得整齐。

图片的目的是让版面在最大限度上符合人们的视觉习惯，使版面信息的可读性更强。在对图片进行编排处理的时候，一定要考虑版面的内容，如果使用的图片是代表企业形象的人物或者知名人士，人物或者知名人士的图像一定要清晰，不要出现头部等重要部位被裁切的现象。在杂志版面中，为了营造某种特殊效果，会对模特的头部或者腿部等本不该被裁切的部分进行裁切，这往往能给观者带来不一样的视觉感觉。

对于有人物的图片，人物的视觉流程及方向将决定图片的编排方式。如果两张图片是相对的，人物的视线就能达成一致。这样的排列会增加图片之间的联系，让版面看起来更加连贯；如果两张图片的人物是背对的，就很容易出现对立的一面，版面之间的联系就会减少，观者的视线也会受到一定限度的阻碍。

3.3.1 挑选图片

图片是有效传达信息的使者。一般来讲，当版面中的图片较少时，观者的阅读兴趣会相应降低；当图片较多时，读者的阅读兴趣会相应提高。在版式设计中，图片的安排非常重要，它具有文字难以描述的视觉表现力。设计者应注重版式的设计，对图片进行精益求精的安排。丰富、色彩鲜艳的图片很容易成为版面的视觉重心，从而形成很强的视觉冲击力。如图 3-13 所示，此作品的主题是透明的海洋，海洋在我们心目中一直是透明、无污染的，但是近几年来海洋中的塑料垃圾越来越多。塑料也是透明的，所以将塑料垃圾和海洋结合了起来，寓意海洋被塑料垃圾铺满，原来的透明也变成了现在的"透明"，表明海洋受到了破坏，里面的插图为表现主题起到了功不可没的作用。

图片在版式设计中有如此重要的作用，所以挑选合适的图片也成了版式设计的重点。图片大多数来自摄影，设计师在选择图片的时候可以根据版面所强调的内容选择合适的图片。这类图片大致可以分为静态和动态、近景和远景、整体和局部几种类别。

图 3-13 海洋主题广告（学生作品）

3.3.2 运用图片进行多种组合

即使是相同的图片，其组合形式也是千变万化的，图片大小、方向的改变就会改变整个版式的效果。图片的组合形式可以分为两种：规则型和自由型。规则型图片组合的特点是图片与图片应尽量使用对齐方式，并将所有图片组合的外轮廓统一在一个几何形体中，图片的大小和方向等都会受到一定的限制，这种方式在书籍排版中比较常见，如图 3-14 所示。规则型的图片组合虽然较为呆板，需要强调和注意的地方很多，在排版中还会受到一定的限制，但是这样的图片组合形式往往能体现出一种权威感，给人一种信赖感。自由型图片组合的特点是图片与图片没有固定的排列模式，图片的大小、方向等可以根据版面随意进行调整，排版方式较为灵活，杂志排版中有时会用到这种方式，如图 3-15 所示。自由型图片组合方式虽然不受到任何限制，排版也较为灵活，给人一种轻松感，但是不切合大多数的排版要求。

图 3-14 书籍设计——规则型图片组合 1（学生作品）

图 3-15 书籍设计——自由型图片组合 2（学生作品）

3.3.3　通过强调的重点来安排图片

在进行页面内容分类的时候，可以通过图片的功能及内容来确定图片排列的先后顺序。图片排列的先后顺序是排版设计工作中的重要环节，如果图片的先后顺序安排不合理，就看不出文章的方向性，产生与编辑意图相悖的页面效果。确定版面的重点：一方面要根据客户的要求，重点突出客户强调的部分；另一方面，设计人员可以在客户提供的图片素材中筛选，从颜色、构图、立意等方面考虑版面重点。

1. 放大重要位置的图片，使其醒目

首先，最大的图片应表示最重要的内容，但是需要注意图片的质量决定了能够放大的尺寸。其次，可以利用图片尺寸的相对大小，来区分图片的主次关系。当不需要强调两张图的先后顺序时，可以将两张图片的尺寸调至等大，表现出并列关系。

2. 调整图片的位置，以吸引观者的注意

图片在版面中的位置直接影响到版面的构图布局，版面中的上下左右及对角线的四角都是视线焦点。根据视线焦点合理编排图片，使得整个版面主题明确、层次清晰，具有强烈的视觉冲击力。从视觉流程的角度来讲，人的视线会首先集中在左上角的版面中，因此可以将重点图片安排在左面版面中，其他次要的图片可以适当缩小放置在其他位置，这是强调版面重点的一个重要方法。通过位置调整可以控制图片的先后顺序，如果在有多张图片的页面中，一张图片与其他图片有一定距离时，也可以明显区分开来。

3. 图片的面积要合适

图片的面积直接影响着整个版面的视觉传达。一般应把主要传达信息的图片放大，其他次要的图片缩小，使整个画面结构清晰，主次分明。面积小的图片，会产生精密细致的感觉；面积大的图片，能增强版面的震撼力，在瞬间传达其内涵。把同样大小的图片并列编排，显得理性且有说服力。同时，在左、右两边放置不同大小的图片，能产生鲜明的对比关系。

4. 调整图片尺寸，类型不宜过多

图片尺寸是表现先后顺序的有效手段。为了保持页面结构的平衡，需要在一定程度上对图片大小进行协调统一。如果图片尺寸类型过多，会使得图片的主次关系不容易确定。

5. 利用出血图片控制视觉效果

当希望通过有些图片引起观者注意的时候，可以使图片填充整个页面，这是一种可以有效提高图片视觉冲击力的手段。用图片出血的处理方式可以让图片扩大至超过页面大小的程度。一味地压缩边距，会使得页面给人一种憋闷感；不要将对页的四角都填满，而应该将对角线留出空隙；也不要将图片重要的位置放置在对页的订口处。

6. 控制图片的数量

版面中图片的数量也会直接影响观者的兴趣。整个版面上连一张图片也没有，会使得整个版面变得枯燥无趣。添加图片会增添版面的跳跃率，使原本无趣的画面恢复活力，变得生动而有层次。

3.3.4　根据图片的外形进行合理编排

图片大致可以分为几何形与自然形，把握它们各自的特征，可以有效地运用于图片的编排设计中。几何形：拍摄出来的图片，都被包围在四边形的方框之中，经过裁剪，如果图片仍然保持了四边形、圆形等形状，就叫作几何形图片。自然形：有时候可以按照拍摄对象的轮廓线进行裁剪，将图形单独提取出来用于排版。自然形也可以理解为图片的去底，通俗地说就是去掉图片的背景，使图形独立呈现的一种方式。自然形能轻松、灵活地运用图像，使画面空间感更强烈，设计范围更广泛。照片去底不但可以去除多余且复杂的背景，使画面主体更突出，而且去底后的照片可以更和谐地与整个版面设计元素相结合，形成整体、和谐的视觉效果。

1. 四边形图与圆形图的使用

几何形一般分为四边形、圆形、多边形等。这种处理形式较为普遍，特点是规则，有规律可循。在图片排版过程中，一般会运用四边形图的处理方式。其方法是以图片的外边线为标准，来确定图片文字说明的位置、调整图片与文字条目的位置。此外，还可以按照圆形等其他形状来裁剪图片。圆形图的图片处理方式是在保持图片外轮廓的同时削弱其四角张扬的感觉，从而呈现出一种介于四边形与自然形之间的效果。

2. 按照轮廓线裁剪的图片的使用

按照轮廓线裁剪图片就是根据图片的形状进行抠图，将背景部分扣掉，保留需要的部分。这种图片处理方式较为灵活，没有固定规律，对于图片的外形有突破，有利于图片内容的展示，并且文字以及其他元素的安排方式会更加多样化。

当需要让页面的图像具有动感的时候，可以借助这种形式完成。这种方法多用于对杂货、衣服、食品等物品的拍摄中，最大优势是可以最大限度地灵活利用拍摄对象的形状来进行处理，如图 3-16 所示。在进行图片裁剪的时候，必须分清背景与被拍摄物品的边界，裁切时需非常精细。

图片的外形可以是几何状的任意图形，也可以是图片中某个具体图像的外形。只有合理安排好这些元素，才能很好地对

其他元素进行编辑。版式设计中没有固定的图片外形处理模式，不同的版面会对图片的外形处理提出不同的要求，寻找最适合当前版式的图片处理方式能让图片发挥最大的作用。

图 3-16 书籍设计（学生作品）

3.3.5 对图片中的动势及方向性的考虑

图片中总会有一些让人感受到动势及方向性的因素。在人物图片中，被拍人物的动作及脸部朝向都可以让人感受到图片的动势及方向性。通过对这些要素的灵活处理，可以引导观者视线流动的方向，具有动势的图片能让人产生跳跃的感觉。图片的方向性主要表现在图片本身的画面元素上。方向感强则动势强，产生的视觉感应就强，反之则会平淡无奇。图片的方向可以通过图片人物的姿势、视线等来获得，在选择图片时应该注意版式的需要。

1. 考虑人物图片中视线的方向

人物眼睛的位置特别吸引观者的目光，观者的视线也会移向人物凝视的地方，因此可在人物目光凝视的位置上安排重要的文字内容。图片人物的目光朝向下一页，也是引导观者视线移动的方法，如图 3-17 所示。此外，拍摄对象目光朝向位置的空间大小，也会影响图片的效果，当拍摄对象目光朝向位置的

空间较大时，构图能给人稳定的印象，这是常用的构图方式。

图 3-17 商业广告

2. 注意图片的边线

图片的边线不仅包括外框四边形的边线，还包括一些让人感觉像边线的线条。这些线条包括地平线、建筑的纵向线条、斜拍时产生的斜线等。设计者可以借助这些线条来表现空间的延伸或动态，也可以将这些线条作为编排过程中整合各项内容的一种标准，如图 3-18 所示。

图 3-18 书籍设计（学生作业）

3. 在图片中加入动势和变化

很多图片由于拍摄对象动作的强弱而产生强弱不同的动势。设计者可以根据这些拍摄对象的动势来控制页面整体的运动感或者稳定感。设计者可以利用照片来使页面富于动感，还可以通过将图片倾斜放置等方式来打破垂直或水平的平衡来增加图片的动感，如图 3-19 所示。

图 3-19 广告设计

3.3.6 对图片位置关系的考虑

图片并不总是以单张的方式呈现的，有时需要对多张图片进行组合。这时就有必要在对图片进行分类的基础上，进行明确的组别划分，如图 3-20 所示。

1. 通过距离进行组别划分

距离相近的图片容易被看作是同一组图片。为了区分不同的组别，可以拉开图片之间的距离。

2. 利用组合图片

图片的组合就是把多张图片安排在同一张版面上，包括块状组合与散点组合。块状组合强调了图片之间的斜线、垂直线和水平线的分割，文字与图片相对独立，组合后的图片整体大方，有秩序。在编排的过程中，需要注意主次安排，主要表现为文字与图片的组合、图片与图片的组合。图片按照水平与垂直的规律组合，具有节奏的韵律美，如图 3-21 所示。图片打散与重新组合使版面设计意识感强，从而使观众获得视觉的审美享受，如图 3-22 所示。把不同角度的图片组合在一张图中，形成一个整体，这已成为当今设计师们所追求的版面构成效果，如图 3-23 所示。

图片组合最基本的类型是所有图片都占有相同大小的页面空间，使页面看起来井然有序。如果将页面进行空间分割，可以形成相对复杂的分割方块。在对图片组合进行

图 3-20 书籍设计（学生作品）

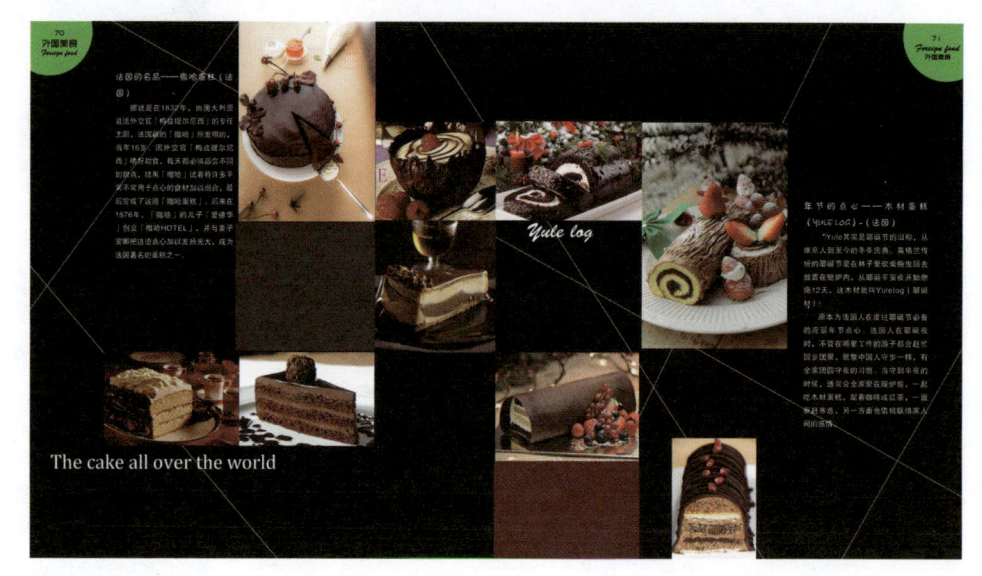

图 3-21 书籍设计（学生作品）

编排的时候，可以采用间隔设置为零的方式。如果图片之间适当拉开距离，那么每张图片会更容易被辨认，也可以缓解图片带来的压迫感。

图 3-22 书籍设计（学生作品）

图 3-23 书籍设计（学生作品）

3.3.7 图片与文字的恰当配置

在排版中,图片与文字的组合方式也是非常重要的。以图片与文字说明的关系为例,文字说明是与图片内容具有相关性的文字,与图的对应关系必须是明确的。因此,应该避免图文之间的距离太远。

1. 统一文字与图片的边线

在排版中,应将文字与图片的宽度统一起来,如果字行或文段的结尾处长短不一,会让人感觉不协调。如果所有的图片和文字等内容都被处理得过于统一,则会给人带来憋闷的感觉。因此,在图片的编排中,在整齐中加入变化是一个要点,如图 3-24 所示。

图 3-24 书籍设计(学生作品)

2. 不要用图片将文字切断

在图文排版中,应注意不要破坏文字的可读性。如果在文段中插入图片,那么阅读的连贯性将被打断。在一行文字中,也不应该在不合适的位置插入图片给阅读造成不便。当需要在文段中插入图片的时候,需要考虑图片不能妨碍视线的流动,通常可以在文段开始处或者结尾处插入图片。

3. 注意对图片中插入文字的处理

需要在图片中插入文字的时候，注意不要将文字覆盖在需要重点展示的图片上。此外，还需要注意，文字应采用不影响其可辨识性的颜色，同时需要选择宽大的字体，如图3-25所示。

图 3-25 书籍设计（学生作品）

3.3.8　图片排列的关系

1. 图片排列的逻辑关系

要合理地安排图片，除了应考虑位置和构图，还应该考虑图片之间的逻辑关系。逻辑关系就是条理管理，就是将混乱的、无序的图片按照一定的规律和条理组织安排到一起，从而建立一定的逻辑关系。排列的时候，如果从年龄上划分，年长人的图片应该安排在年幼人的图片之上，如果与年龄没有关系，可以考虑并列排列。从性别上划分，可以将男性图片和女性图片分开排列，一般将男性图片放在左边位置，将女性图片放在右边位置。

2. 注意图片的上下关系

在将多张图片排成上下关系的时候，需要注意很多事项：

①将年龄大、职务高的人物图片放在上面，将年轻、职务低的人物图片放在下面。

②将天空的图片放在上面，将有重量感的图片放在下面。

③将仰视角度图片放在上面，将俯视角度图片放在下面。

④不要将物品或者风景图片放在人物图片上面。

3.4　图形在版式设计中的应用

图形可以理解为除摄影照片之外的一切图和形。图形以其独特的想象力、创造力及超现实的自由构造，在版面中展示着独特的视觉魅力。图形设计是一个专门的职业，图形设计师的社会地位已随着图形表达形式所起的社会作用，日益被人们所认同。今天，图形设计师早已不再满足或停留在手绘技巧上，电脑新科技为图形设计师提供了广阔的表演舞台，使图形的视觉语言变得更加丰富多彩。在版式设计中，图形的不同运用可以改变整个画面的节奏与情感。图形可以是方形的，也可以是自由形的。图形设计师根据版面的需求决定所要排列的图形形状：方形的运用使画面更稳定，增强了画面理性的感觉；自由形可以是任何形状，如植物的外形、抽象形态等，表现出活跃的画面气氛。

图形具有简洁性、夸张性、具象性、抽象性、符号性、文字性的特征。

3.4.1　图形的简洁性

图形在版面上的构成，应简洁明了，主题鲜明突出，诉求单一。在排版中，要抓住重点才能体现出视觉的最佳效果。设计本身是一项无局限的、多元的、包容的工作，其多样性展现了现代人的创新精神，风格多样的现代图形设计同样涌现出百花争鸣的局面。设计美的构成是由材料、结构、功能、形式等形成的。近些年来，人们对于审美的要求趋向于简约风格，反对过度的装饰，化繁为简，提倡简单带给人更多的享受。在视觉传达设计中，体现出更符合社会人群心理、生理需求的图形设计简约美，如图3-26所示。

3.4.2　图形的夸张性

图形的夸张要抓住事物性质，往往和诙谐、幽默紧紧联系，具有增强作品感染力的作用。夸张是设计师常用的一种表现手法。它将对象的特点和个性中美的方面进行明显的夸大，并凭借于想象，充分扩大事物的特征，产生新奇变幻的版面情趣，以此来加强版面的艺术感染力，从而加速信息传达的时效，如图3-27所示。

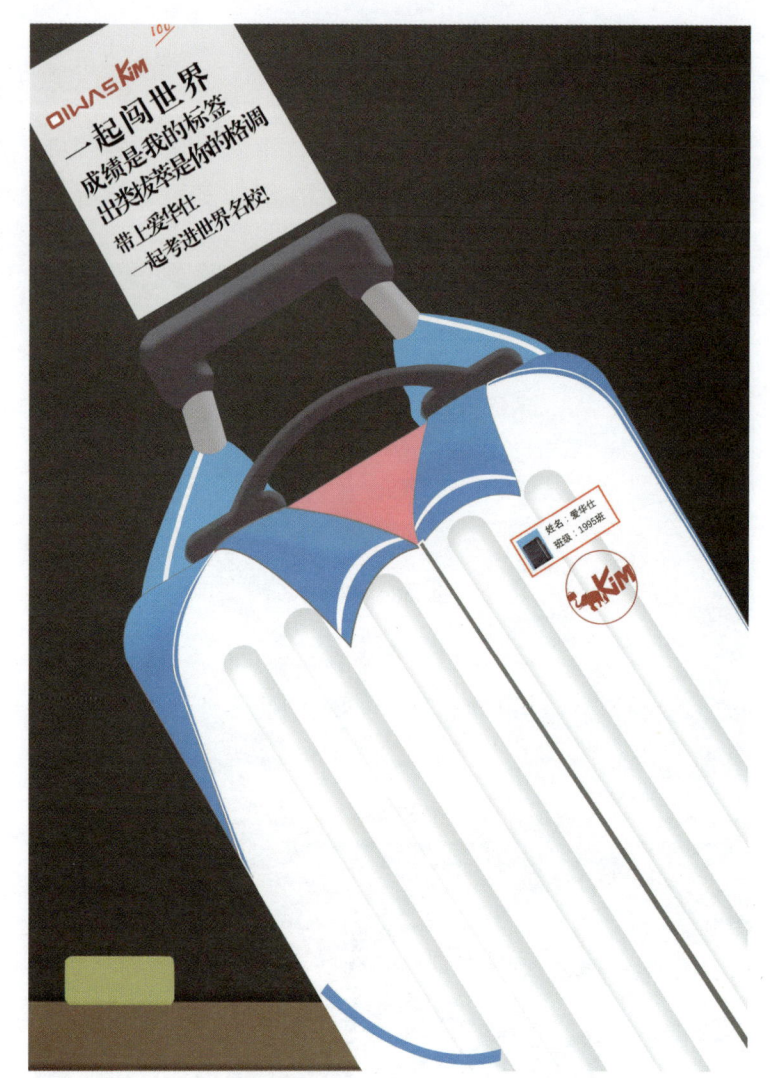

图3-26 爱华仕主题广告（学生作品）

在信息高度发达的今天，图形凭借自己的优势在平面设计中越来越显示出重要的地位，早已成为国际化语言。然而创造一幅成功的图形设计并不容易，有这样两方面的不确定因素：一方面，对于不同社会文化背景的受众，设计者的创意是否真正有意思，读者能否在观后有所感悟，从而获得图形所要传达的信息；另一方面，能否抓住事物的特征并赋予图形新的寓意，更加突出图形所要"说"的内容。

写实性与装饰性相结合,能给人具体清晰、亲切生动和信任之感。它以反映事物的内涵和自身的艺术性去吸引和感染观者,使版面构成一目了然,深得观者的喜爱。如图 3-28 所示,此作品主题是夹缝中求生存,用平时比较常见的塑料瓶和塑料袋为主要元素来表现海豚的具象形象,给人以强烈的视觉冲击力,从而让人们意识到保护海洋生态环境的重要性。

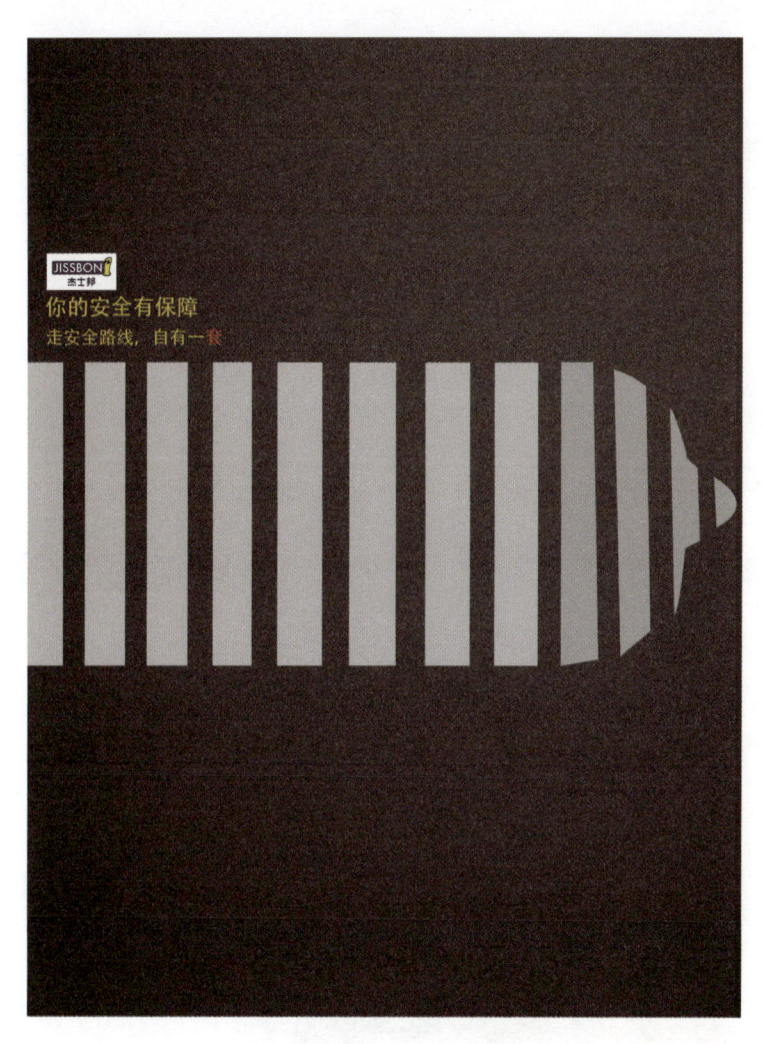

图 3-27 杰士邦主题广告（学生作品）

3.4.3 图形的具象性

具象图形是对自然、生活中的具体物象进行的一种模仿性的表达。具象图形最大的特征就是真实反映自然形态的美。具象图形设计主要取材于生活和大自然中的人物、动物、植物、静物、风景等,其图形鲜明、生动,因贴近生活而具有感染力。在以人物、动物、植物、矿物或自然环境为元素的造型中,将

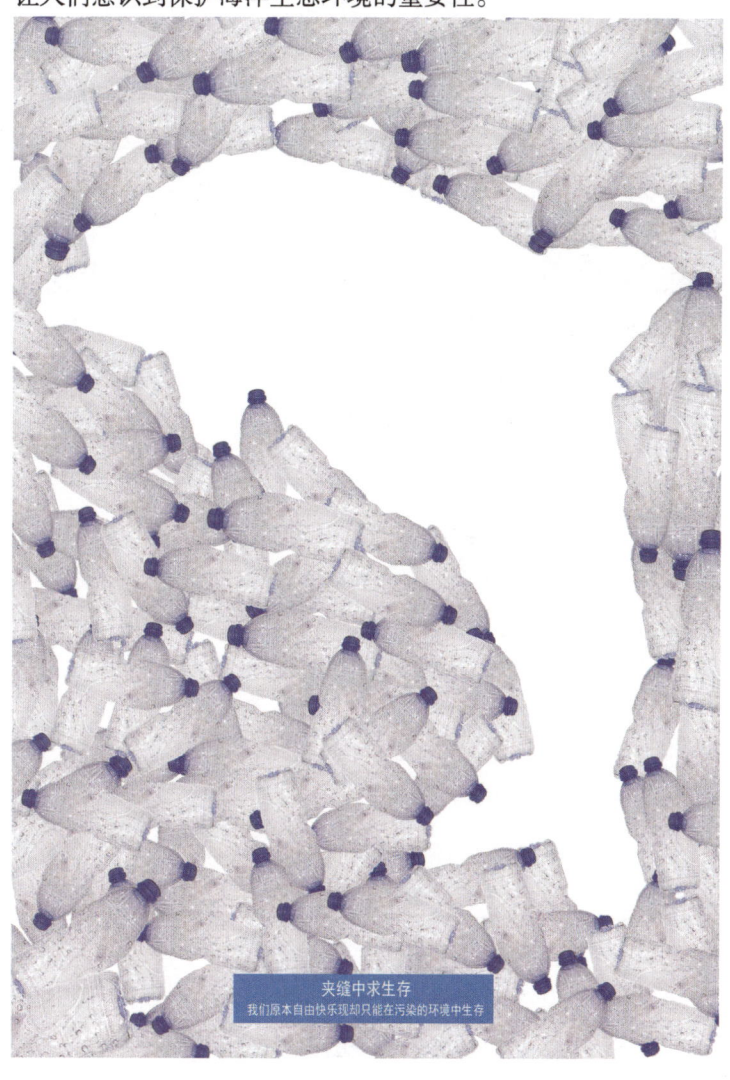

图 3-28 海洋主题广告（学生作品）

3.4.4 图形的抽象性

在视觉传达设计中，抽象图形是一种十分重要的表现形式，也是视觉信息传播的重要途径。抽象图形以简洁单纯而又鲜明的特征为主要特色。它运用几何形的点、线、面及方、圆、三角形等来构成，是规律的概括与提炼。这种简练精美的图形，让人乐于接受，使版面更具有时代特色。

抽象图形指的是事物的抽象形态，是从自然形态和具象事物当中剥离出来的相对独立的基础属性。在视觉传达设计中，抽象图形所体现的是针对具体事物的概述及表达，从而展示出更高层次的思想行为活动，是超出了自然形态的人为形态。抽象图形无法直观地展现出形态的实际含义，而是一种感觉和意象。在视觉传达设计中，抽象图形主要是依赖几何形态的模式而呈现的，几何图形自身就具备了抽象性的特点。在视觉传达设计中，运用抽象思维进行设计是表达设计者意图的最佳方式。其可以将繁杂的事物转化为简单的抽象图形，打破语言的传播局限，较好地展示设计者的思想。所谓的"言有尽而意无穷"，其实就是利用有限的形式语言所营造的空间意境，让观者用自己的想象力去填补、去联想、去体味。这种简练精美的图形为现代人所喜闻乐见，其表现的前景是广阔的、深远的、无限的，如图 3-29 所示。

图 3-29 抽象图形（学生作品）

3.4.5 图形的文字性

图形化的文字，一直都是设计中常用的素材。文字本身就具有图形之美。它具有图形文字和文字图形的双层意义。图形化的文字，向来是设计师们乐此不疲的创作素材。中国历来讲究书画同源。以图造字早在上古时期的甲骨文中就开始了，至今其文字结构依然符合图形审美的构成原则。世界上的文字都不外乎象形和符号等形式。

1. 图形文字

图形文字是指将文字用图形的形式来处理以构成版面，如图 3-30 所示。这种版式在版面中占有重要的地位，它运用重叠、放射、变形等形式在视觉上能产生特殊效果。

2. 文字图形

文字图形就是将文字作为最基本单位的点、线、面出现在版面的编排中,使其成为版面编排的一部分,如图3-31所示。这是一种极具趣味的构成方式,能产生图文并茂、别具一格的构成效果。

图3-30 智利樱桃主题广告

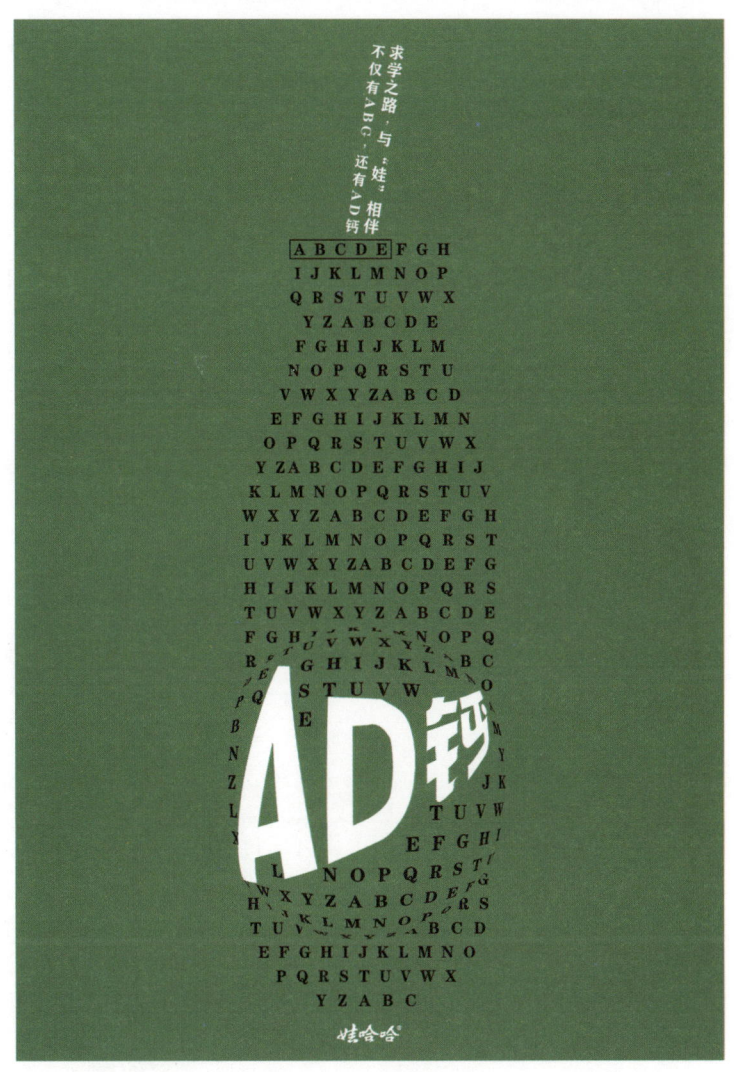

图3-31 哇哈哈主题广告

3.4.6 图形的符号性

在版面中,图形性符号最具有代表性。它是人们把信息与某种事物相关联,然后通过视觉感知其代表一定的事物。当这种对象被公众认同时,便成为代表这个事物的图形符号。图形作为一种艺术表达手段,具有交流的功能,同时具备自己独特的语言手段和语言环境。符号性是把原本具有自然属性的事物用图形来表现,脱离它原有属性的限制,将其理想化并为它赋予特定寓意产生新的概念。在设计中,对图形符号的正确解读,是对设计的衡量标准。在设计时,应该合理选择并恰当地利用符号语言,使版面词汇达到丰富的状态。图形符号是最具简洁、醒目、变化多端的视觉体验,它包含象征性、形象性、指示性三方面的内涵。

1. 符号的象征性

符号具有象征性,可运用感性、含蓄、隐喻的符号暗示和启发人们产生联想,揭示情感内容和思想观念。如图3-32所示,破碎海洋系列作品用破碎符号象征鱼元素来体现海洋与人类关系的破灭,主要颜色用了红色和蓝色,蓝色表示海洋,红色表示危险信号。和平鸽破碎,预示着人与海洋的关系走向不平衡。此广告告诫人们要保护海洋,维护人类与海洋的良好关系。

2. 符号的形象性

以具体清晰的符号去表现版面内容,图形符号与内容的传达是一致的,如图3-33所示。

3. 符号的指示性

符号具有指示性。在版面中,可通过它引导观者的视线沿着设计者的视线流程进行阅读。如图3-34所示,本设计采用了雨伞及尖刀这两个指示性符号,雨伞代表保护和呵护环境的意思,而尖刀则是破坏环境的意思。面对颗粒物值超标的现状,酸雨对人类的伤害不断升高,酸雨就像刀子一样刺破我们的保护伞,危害我们的健康。此广告呼吁我们要共同保护我们的环境,共创美好家园!

图 3-32 海洋主题广告(学生作品)

图 3-33 小迷糊主题广告(学生作品)

图 3-34 公益广告

项目实战

项目1　招贴版式设计

招贴版式设计是对平面媒介上的图形、文字、色彩等元素进行的经营布局，是一种有生命、有独特性的语言形式，相同的元素通过不同版式的安排，能表现丰富多样的视觉效果。版面编排在平面设计中就像戏剧中的场面调度，将各种承载信息传达任务的元素艺术地组合起来，使画面变成一个有张有弛、且刚且柔、充满戏剧性的舞台。版面的编排不应机械僵硬地套用某种编排形式，很多时候在一个设计的画面中会涉及几种形式，具体要视内容需要而定。

1. 骨骼型

骨骼型是以垂直线和水平线将版面分割成几何形构图，形成区域划分的骨骼，图形和文字则严格地遵照骨骼的分配规则进行编排配置。这种形式条理性极强，它使图形与文字的编排关系次序化、规范化，在内容传达上显出端庄而严谨的理想之美，如图3-35所示。

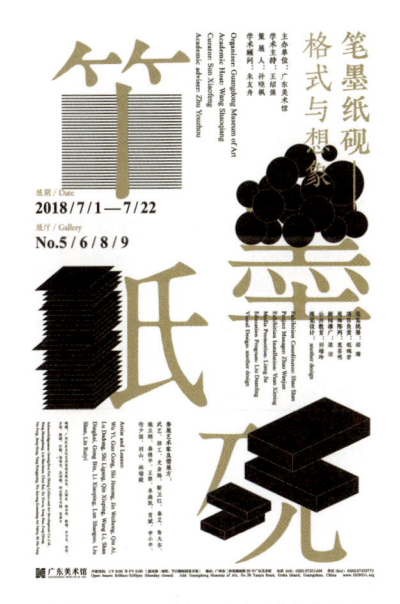

图3-35　笔墨纸砚·格式与想象

2. 分割型

分割型是以图形、文字、色彩将版面进行不同方向、比例和形态的分割，使形成的区域产生一种明暗、疏密、动静的对比关系。常见的有上下、左右、斜向、曲线等分割类型，如图3-36所示。

图3-36　电影海报

3. 对称型

对称型是指同一形状以镜像的状态重复出现，一般可分为水平对称、垂直对称和轴线对称。对称可以给人安定、稳重的视觉感受，但绝对的对称则显得呆板，缺乏生气，通常会在局部进行小面积的变化以求生动，如图 3-37 所示。

4. 重复型

重复型是将单一或近似的元素按一定的规律重复排列，形成节奏感和秩序感，如图 3-38 所示。

5. 满版型

满版型是将图形充满整个画面的排版方式，文字被安排在图形中的某个位置，适合用于以图片为表现重点的平面广告设计中，视觉效果强烈，如图 3-39 所示。

6. 中心型

中心型是直接将产品图形置于版面中心，或通过向心型、离心型图形来制造画面的视觉重心的一种编排类型。这种类型的编排方式使画面具有很强的视觉吸引力和冲击力，如图 3-40 所示。

图 3-37 掌阅主题广告 　　图 3-38 抗击疫情主题广告 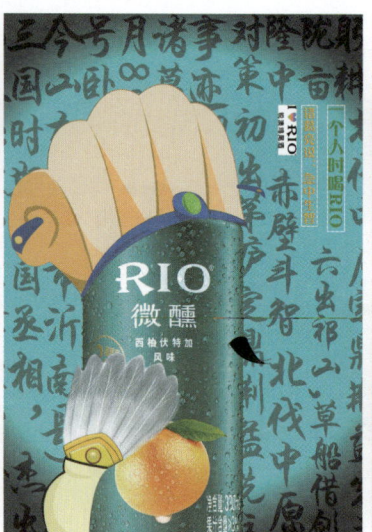　　图 3-39 RIO 主题广告 　　图 3-40 恒源祥主题广告

项目 2　招贴设计的要点

1. 招贴设计中的图形

在人类历史发展的进程中，图形以其特有的方式将人类社会文明、进步、发展的里程记载和传承至今，将错综复杂的历史记忆浓缩于简洁的图形中。这种世界通用的视觉传达"语言"不仅能够直观地将综合复杂的信息予以形象的表述，使人易于领会，还是人们观察自然，思考、总结经验及用以表达和交流思想感情的一种媒介。

图形是传播信息的视觉形式，它是招贴设计的重要组成部分。图形在招贴画面中具有强烈的视觉冲击力，图形与文字在同一画面中，其注意度比为 78 %：22%。图形形象给人们思想的冲击也大大超过了文字，一个设计作品能否打动人，图形设计的成败是关键。招贴设计中的图形可分为两大类：直接表现图形和间接表现图形。

直接表现图形，主要是指设计中表现对象的外观形象的图形，有鲜明准确、快速传递信息的优势，多用在受众注目时间较短的媒体上（如路牌广告），起到告白与提醒记忆的作用。直接表现图形一般以摄影照片、写实绘画的形式表现出来，如图 3-41 所示。

间接表现图形，是指根据设计创意与主题所选择的、为了帮助受众理解设计主题或创意的表现性图形。这类图形根据设计需要，既可以是抽象的形色组合，也可以是具体图形。这类图形通常能把握住企业或产品设计创意的内在精神属性，让受众通过自己的理解产生共鸣，能产生较好的感染力、说服力和震撼力。如图 3-42 所示，此设计的主题是禁止酒后驾车，主题图形为人物、酒瓶以及喝完酒后从脑袋里面窜出来的汽车，通过图形间接地表达了酒后驾车的危险性。

图 3-41　商业广告

图 3-42　公益广告

2. 招贴设计中的文字

文字的排列组合，直接影响平面设计的视觉传达效果。因此，文字设计是增强视觉传达效果，提高作品的诉求力，赋予作品平面设计审美价值的一种重要构成技术。在平面设计中，文字由两个方面组成，即字体设计与文案设计。字体设计是根据所表现对象的内容选用或设计字体，使人很快地识读并留下记忆。文案设计是根据表现对象和创意要求而创作的具有说服力、吸引力的简洁说明文字。文案不仅要准确地表达创意，还要跟图形配合使用，把设计的表现力和感染力发挥到极致。

文字应具有可读性：文字的主要功能是在视觉传达中向大众传达作者的意图和各种信息，要达到这一目的必须考虑文字的整体诉求效果，给人以清晰的视觉印象。因此，设计中的文字应避免繁杂零乱，应使人易认、易懂，切忌为了设计而设计，不要忘记文字设计的根本目的是更好、更有效地传达作者的意图，表达设计的主题和构想，如图 3-43 所示。

赋予文字个性：文字的设计要服从作品的风格特征。文字的设计不能和整个作品的风格相脱离，更不能相冲突，否则，就会破坏文字的诉求效果，如图 3-44 所示。一般说来，文字的个性大致可以分为以下几种类型：端庄秀丽型；格调高雅型；华丽高贵型；坚固挺拔型；简洁爽朗型；强烈视觉型；深沉厚重型；庄严雄伟型；不可动摇型；欢快轻盈型；苍劲古朴型；等等。

文字的位置应符合整体要求：文字在画面中的安排要考虑到全局的因素，不能有视觉上的冲突，否则，画面中主次不分，很容易引起视觉顺序的混乱，有时候甚至 1 个像素的差距也会影响整个作品的效果。

文字在视觉上应给人以美感：在视觉传达的过程中，文字作为画面的形象要素之一，具有传达感情的功能，因而它必须具有视觉上的美感，能够给人以美的感受。设计良好、组合巧妙的文字能使人感到愉快，给人留下美好的印象，从而使人获得良好的心理反应。反之，人看后心里产生不愉快，视觉上也难以产生美感，这样势必难以传达出设计者想表现的意图和构想，如图 3-45 所示。

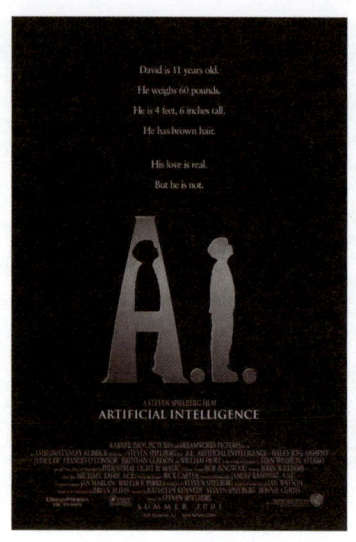

图 3-43 修正药业主题广告（学生作品）　　图 3-44 海报设计　　图 3-45 海报设计

在设计上要富于创造性：根据作品主题的要求，突出文字设计的个性色彩，创造与众不同的字体，给人别开生面的视觉感受，有利于设计者设计意图的表现。在设计时，应从字的形态特征与组合上进行探求，不断修改，反复琢磨，这样才能创造出富有个性的文字，使其外部形态和设计格调都能唤起人们的审美愉悦感受，如图3-46所示。

3. 招贴设计中的色彩

招贴设计离不开色彩的表现。只有注重色彩对人的心理影响和情感上的反应，了解色彩的视觉语言和表现形式，才可以在招贴设计中运用好色彩，从而创造出精彩的招贴设计作品。在设计发展迅速的现今社会里，招贴已经成为商业活动和社会交流的有效信息传播中介。色彩对招贴来说就如同人的肌肉，是招贴生机与活力之所在，所以色彩的使用是至关重要的。在现代招贴设计中，色彩作为一种表情达意的手段，在视觉意义上是非常重要的一个要素。一件招贴作品的成败，在很大限度上取决于色彩运用的优劣，如图3-47、图3-48所示。

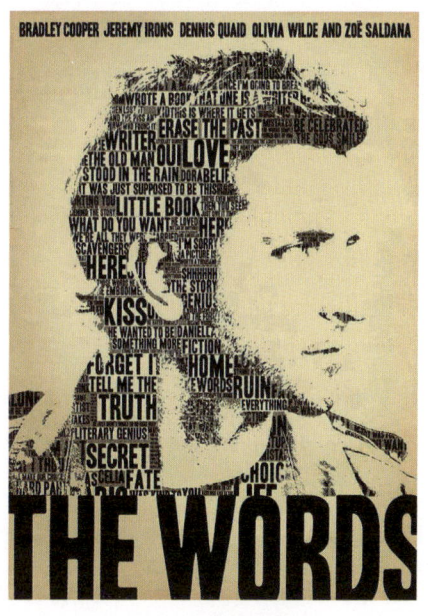

图3-46 海报设计

图3-47 可口可乐广告设计　　　　　图3-48 耐克广告设计

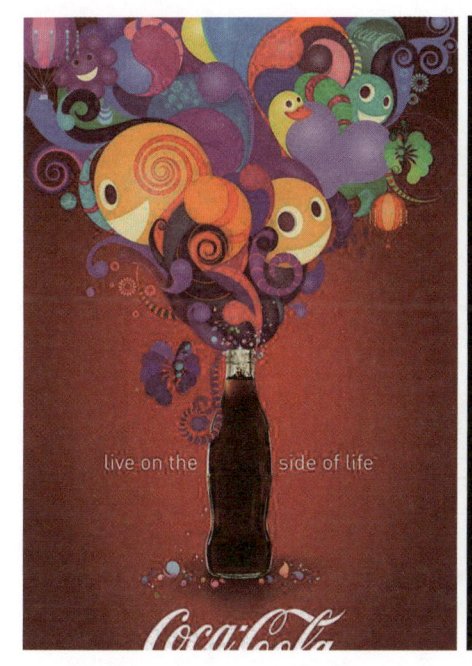

项目 3 招贴设计鉴赏

《黄金时代》电影海报中，汤唯顽强伫立于白纸浓墨上，将小人物置身于大时代的洪流之中，使女作家萧红的故事跃然纸上。她处在那样一个乱世之中，文字是她的力量，在文字的世界里，她强大而纯粹，所以那一片泼墨象征乱世，而汤唯静立其中，那种坚定的安静非常有冲击力，如图 3-49 所示。

在设计海报前，黄海总要先用一句话讲明白电影表达的内容，要精准地传达影片主题乃至情绪。读小说，读剧本，看剧照，与导演反复交流，领悟电影精髓后，就是黄海个人风格化的展现时刻，他的作品在海报字体、水墨元素运用、图形创意、留白等方面具有浓厚的中国传统美学风格，完美地诠释出每一部电影独特的意境，可以称之为注入灵魂的海报作品，比如《道士下山》，如图 3-50 所示。

《大闹天宫》电影海报中水帘洞与齐天大圣的创意让人们眼前一亮，海报的灵感来源于上海美术电影制片厂的经典动画电影，淡蓝的底色，大幕拉开，大圣的两只眼睛活灵活现，暗含向幕后工作者致敬的寓意，如图 3-51 所示。

图 3-49 黄金时代（黄海作品） 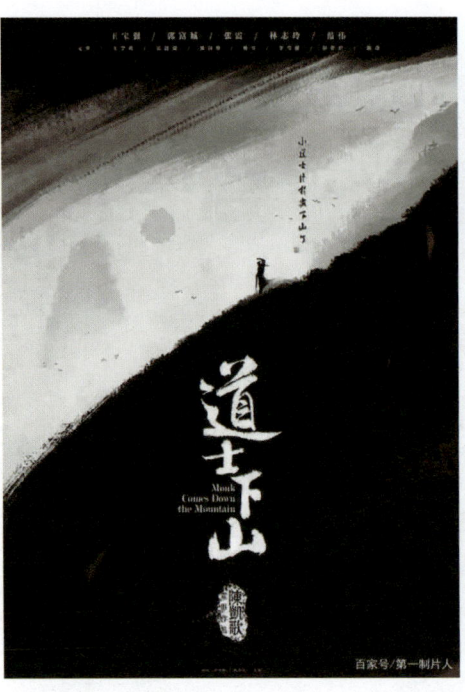　　图 3-50 道士下山（黄海作品） 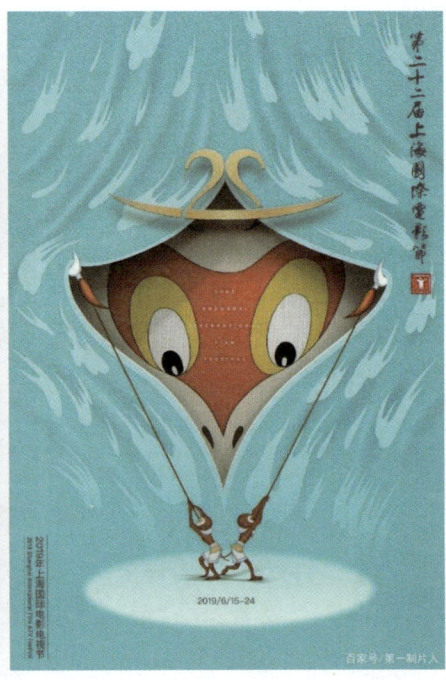　　图 3-51 第二十二届上海国际电影展（黄海作品）

纪录片《我在故宫修文物》这一组海报同样由黄海设计。仔细查看海报，上面的文物有缺口，工匠正在进行修复工作，文物的时代美，其背后都是工匠们的辛勤付出，海报的直观表现与纪录片的内涵相契合，如图3-52所示。

《伴我同行》海报将哆啦A梦与中国京剧元素相结合，在原本人物的基础上增加的京剧元素不但保留了原本的底蕴，而且更加贴切中国观众，如图3-53所示。另外一组海报，黄海大胆地将中国四大名著与电影主人公相结合，打造了一组哆啦A梦版的四大名著人物画。

从《龙猫》这张海报中，我们仿佛能感受到小月、小梅两姐妹在草丛中奔跑、嬉笑。再仔细看，她们又好像是在龙猫毛茸茸的肚皮上玩耍。海报中没有正面展现龙猫的形象，但我们能感受到可爱的龙猫带给人的温暖，也契合了"拥抱温暖"的主题，如图3-54所示。

《捉妖记》这张海报非常有趣，从左上到右下，人物小却清晰，妖怪虽大却试图用岩石纹理和云彩进行掩饰，左边的岩石细看有一个岩石脸的怪物和几个小的怪物。作品用明显的人形和若隐若现的怪物，以及远处的山峰，传达作品的主题，如图3-55所示。

图3-52 我在故宫修文物（黄海作品）　　图3-53 伴我同行（黄海作品）　　图3-54 龙猫（黄海作品）　　图3-55 捉妖记（黄海作品）

项目 4　招贴设计项目实战

实战课题以第十一届全国大学生广告艺术大赛中的命题杜蕾斯为例

1. 解读课题要求及内容

了解品牌：杜蕾斯品牌诞生于 1929 年，名称源自三个英文单词的组合：耐久（Durability）、可靠（Reliability）、优良（Excellence）；作为全球两性健康用品第一品牌，杜蕾斯在全球 150 多个国家与地区销售，并在 40 多个市场占据主导地位，其产品线覆盖了避孕套、润滑液及情趣用品等诸多领域。

杜蕾斯是美好性爱的全球倡导者，除了始终如一地为中国的两性健康及两性教育提供有力支持外，还基于对性科学及性需求的深刻理解，不断向消费者提供着优越的产品和专业知识。杜蕾斯相信，只要稍加用心经营、开始付诸行动，每个人都可以拥有安全而美好的性爱。

广告主题：属于年轻人的避孕套。

目标群体：18~24 岁年轻人群。

主题解析：中国年轻一代充满好奇且更加勇敢。打破常规与障碍、探索和尝试不同体验是他们的天性。根据杜蕾斯全球性爱调研报告数据显示，中国人在 18~24 岁的人群中首次性行为发生的年龄为 19.1 岁。为了更好地深耕年轻人，持续鼓励并倡导年轻人在做好安全措施的前提下去探索并享受美好性爱，杜蕾斯品牌中一个神秘的团队渐渐浮出水面。

Durex X 实验室——定位于年轻人，不断探索年轻人的洞察与需求，并将"研发出深受年轻人追捧并适合年轻人使用的避孕套产品"作为自己至高无上的使命。

现在，Durex X 实验室已经抛出的两个产品 Idea 分别是：Closefit，比一般避孕套更紧、更贴合，给双方带来超强敏感；Intense，这款神奇的避孕套能够带来撩情热感、沁爽凉感、麻刺快感三重美妙体验。

广告形式：针对 Closefit 和 Intense 或者是自行开发的概念产品，进行包装设计、KV 海报设计以及平面推广设计，基于产品卖点及概念，结合年轻人喜欢的创意方式，实现对产品的认知及好感度提升。

2. 思维导图

思维导图是表达发散性思维的有效思维工具。在招贴设计课程教学中，利用思维导图的训练方式，能在鼓励学生进行开放式思维发散、充分激发灵感创意的同时，使学生的设计思路清晰，设计表述准确，从而有效提高课堂教学及设计实践的效率，如图 3-56 所示。

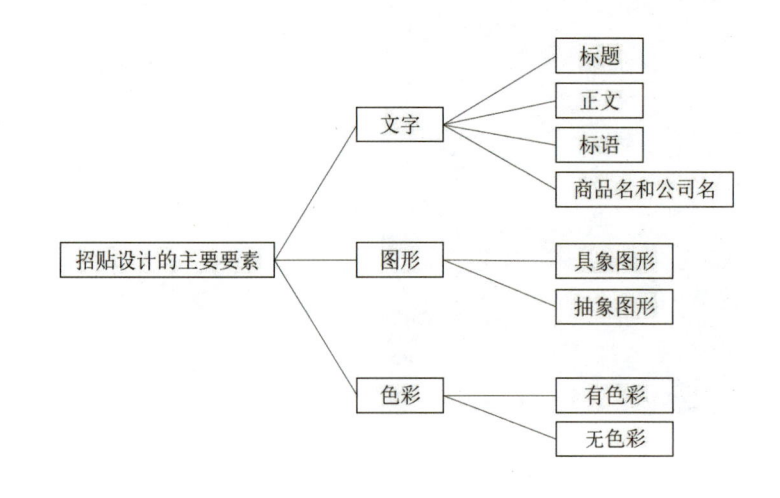

图 3-56　思维导图

3. 草图阶段

小草图：首先准备一些与招贴画幅同一长宽比例的缩小画纸。因为其面积较小，所以招贴设计师或专门的编排设计师就有条件试作多幅编排方案，有时候多达 20 幅至 30 幅不等，用这些小草图征求旁人的意见，从中选出数张较好的作为参考。小草图主要表现整体构图效果而不必表现各构成要素的种种细节。

设计草图：从小草图中选定两三张，放大至招贴画幅原大，并注意画幅中各种细节的安排及表现手法，这种图样被称为设计草图。它一般要表现出标题、插图等的粗略效果，正文则采用画直线的方式代表字数和段落，直线与直线的距离代表着字的大小。应该注意的是，设计草图虽是广告制作的实验品，但是一个重要阶段。有些小草图放大至设计草图等大后，效果上有了显著变化，甚至失去了画面平衡，这时须对放大的稿子再做调整，重新安排画面各构成要素的比例、大小、位置、色彩、形态等。另外，这些设计草图看上去虽然非常潦草，但广告设计师或有经验的广告主却能够从中想象出成品广告的模样。

4. 设计正稿

从数张设计草图中选定一张作为最后方案，然后设计正稿。随着电脑图形图像技术的发展，电脑图文制作已渐渐替代手工正稿。可以先使用扫描仪扫描小草图，再通过电脑勾勒出主要造型并为造型着色、合成各设计元素。在合成中，注重层次与构图关系，最后加入文字元素，作品完成。招贴制作中，最基本的尺寸是 508 mm × 762 mm，相当于国内对开纸大小。依照这一基本标准尺寸，又发展出其他标准尺寸，如全开、四开、八开，而常用的尺寸是大度纸的四开和对开。

5. 电脑制图（以 Photoshop 为例）

新建文件：按 Ctrl+N 组合键新建一个 508 mm × 762 mm 文档，分辨率为 300 dpi，色彩模式为 CMYK，如图 3–57 所示。选择"渐变编辑器"，编辑出一种由深蓝到浅蓝的渐变，接着在选项栏中单击"径向渐变"按钮，最后在图像中填充渐变效果，如图 3–58、图 3–59 所示。

图 3–57 Photoshop 截图

主题图形的制作：为了表现用了此产品的力量感及活力感，主题图形用安全套与拳击手套进行异体同构，表达了"年轻人，就要打个精彩"这一主题，如图3-60所示。为了表现力量及速度感，添加了特殊效果，如图3-61所示。

添加商标与主题文字：招贴里面的标题文字及说明一定要精练，但是一定要解释说明里面的图形，也就是说招贴里面的文字及图形是相互说明的，如图3-62所示。

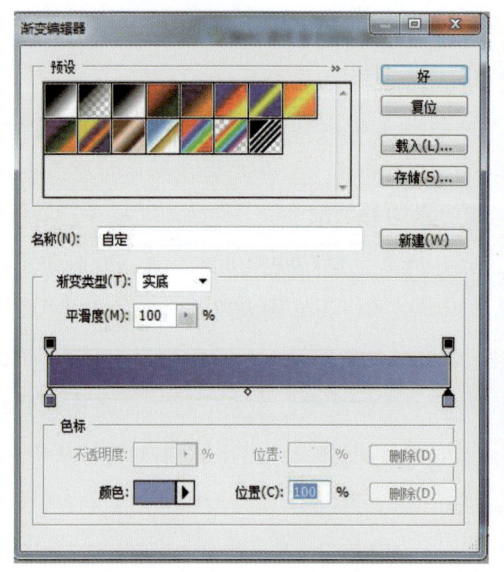

图3-58 Photoshop 截图

图3-59 Photoshop 截图

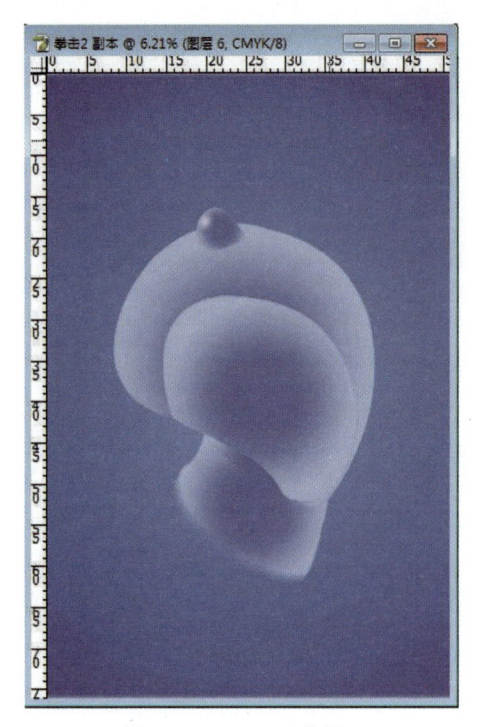

图3-60 Photoshop 截图

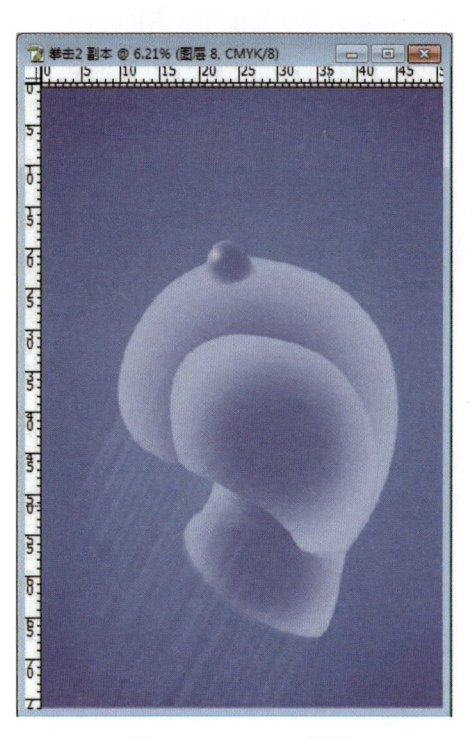

图3-61 Photoshop 截图

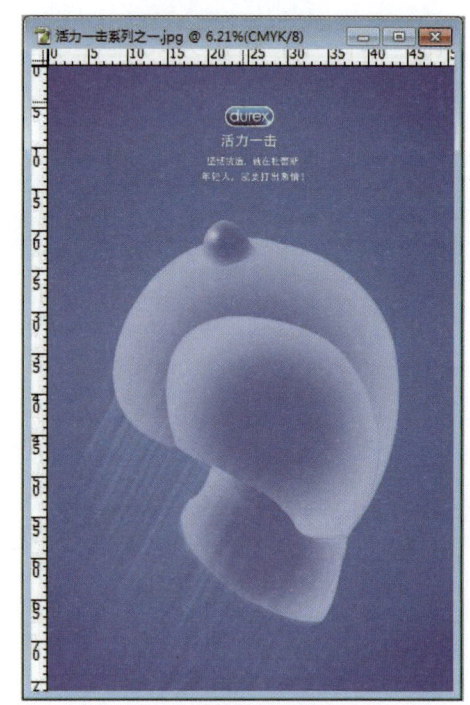

图3-62 Photoshop 截图

实践技巧

技巧1　图片的最佳裁剪方法

1. 适当裁剪

图片裁剪的目的是让照片的结构更加清晰、自然且符合设计意图，减少图片中不符合设计意图的信息元素，让主题更加突出。设计者在裁剪图片时，要时刻保持设计思路清晰，才能够避免因裁剪操作失误而将与主题有关的信息资源删除。

在设计过程中，要尽可能避免因照片裁剪过度而将需要的素材删掉，或是因为图片裁剪不到位而使多余的信息残留，给观众造成视觉错误。很多图片经过裁剪修饰后焕发出其应有的新鲜活力，从而成为精品图片。根据设计的需求，有时也需要运用特殊的图片裁剪方法，呈现出设计的主题，以适应整体的设计要求。

Photoshop软件中裁切图像的基本操作

2. 规则裁剪

在平面设计中，常见的规则裁剪有正方形、三角形、长方形、圆形、多边形五种类型。正方形是最常见的形状，它保留了图片最原始的基本细节，更容易表达主题内容，且富有浓厚的感染力，如图3-63所示。正方形图片还能给人以稳重、理性、严谨的心理感觉，但有时也会让图片的画面变得呆板、不协调。圆形图片在保持图片原有外形的同时，能够形成柔和、圆润的视觉效果，还能够给人以平滑流畅、轻松愉悦的心态反应，如图3-64所示。三角形的图形代表着稳定，当三角形图片通过旋转变换得到新的图形时，能够呈现出紧张、冲突的效果且富有运动感，这也说明了三角形图片能够传达事物的进展、发展方向，如图3-65所示。

图3-63 书籍设计（学生作品）　　　图3-64 书籍设计（学生作品）　　　图3-65 书籍设计（学生作品）

3. 不规则裁剪

不规则形状的图片剪裁就是异形图片剪裁。其形状不规则，是根据设计效果和图片内容的不同而进行的剪裁形式。不规则形状的图片裁剪没有固定格式和固定要求，它的诞生就是为了强调图片的自由性和随意性，以便于更好地与其他图片构成更为理想化的元素，增强图片的感染力和表现力，如图 3-66 所示。

图 3-66 书籍设计（学生作品）

4. 编辑处理

在平面设计中，要根据设计素材的主题、图片画面的风格和需要对现有图片进行艺术性的编辑处理。通过对图片的后期专业处理，图片能够发挥出最佳的视觉冲击力，如图 3-67 所示。

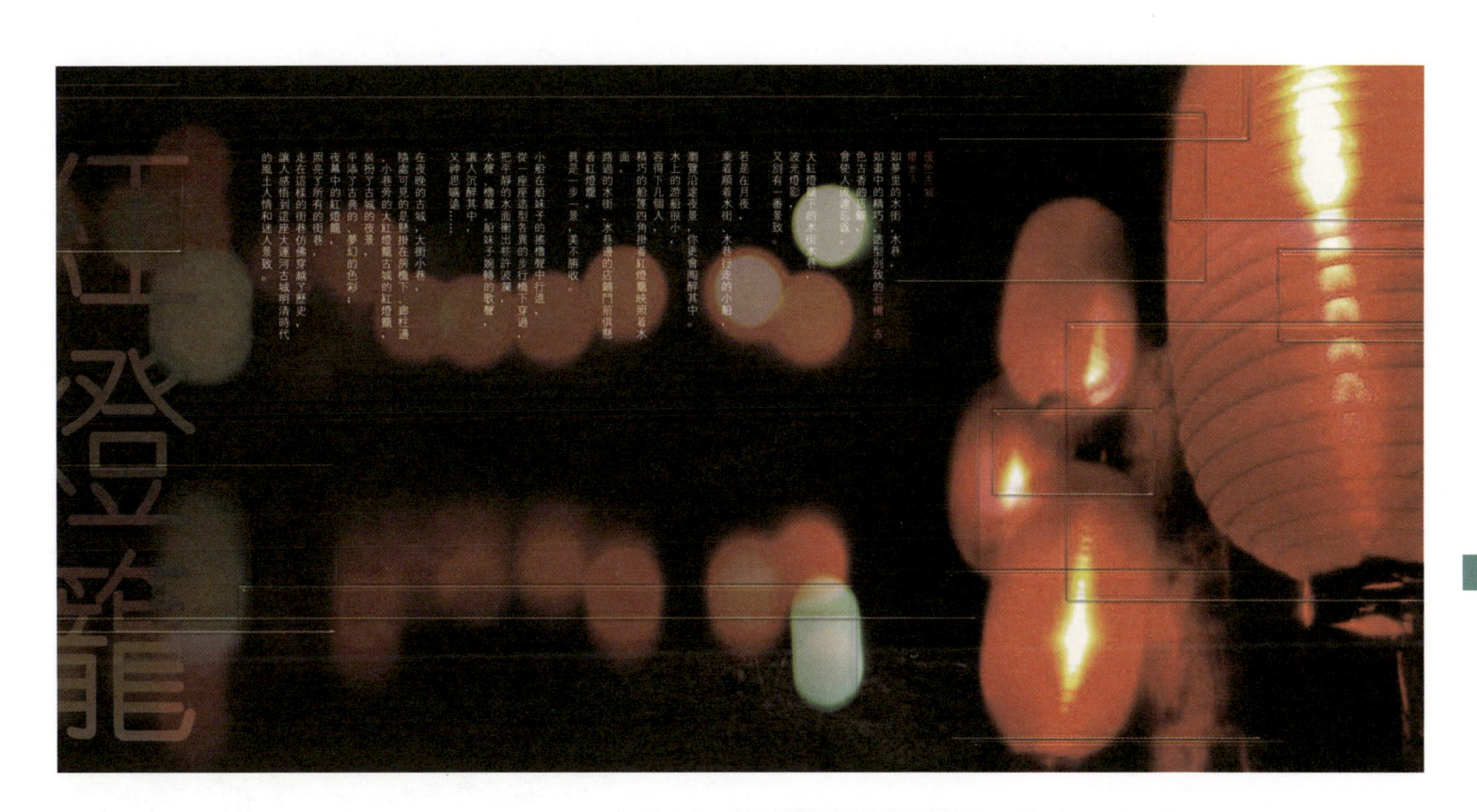

图 3-67 书籍设计（学生作品）

5. 褪底处理

对图片进行褪底处理是指对图片中的主体图形的外形轮廓进行抠图，删除背景中多余的部分，保留图片中需要的素材部分。图片的褪底处理能够除去照片中繁杂、不符合设计意图的背景材料。经过抠图处理的图片视觉效果得到升华提炼，主体部分的内容更加突出醒目，如图 3-68 所示。

图 3-68 书籍设计（学生作品）

6. 背景处理

在进行平面设计时，有时图片背景并不是设计师想要的效果，这时就需要设计师对图片进行艺术的再加工，使图片主体内容更加醒目突出且富有想象力，如图 3-69 所示。

7. 合成处理

在图片设计中，一些单张图片不能准确表现设计的主题，这时可以将在原图中抠出的素材进行镜像、翻转处理，增加图片的感染力；也可以将素材进行位置移动、错位移动，增加画面新颖独特的展现形式；还可以在原图中增加特殊效果，引发观众产生不同的联想和想象。这些方法都能更好地展现图片所要表达的主题，使其更加符合设计理念，如图 3-70 所示。

图 3-69 一窗一世界（学院奖获奖作品） 　　　　　　　　图 3-70 插图设计

8. 色彩处理

图片的色彩处理一般分为黑白图片效果、单色图片效果和彩色图片效果三种。黑白图片又分为两种情况：一种是本身就是黑白照片，在处理中要注意颜色的过渡变化；另一种是为了达到某种特殊效果而将彩色图片处理成黑白图片。

单色图片是对图片进行颜色处理，使其仅使用一种颜色以表现出不同的场景和气氛。彩色图片是平面设计中使用最广泛的，一般情况下，彩色图片的处理是改变照片的纯度和色调，使照片的分量感、色彩感发生变化，从而满足设计效果的需求。

技巧2 图片软件处理技巧

图片处理，即对图片进行处理、修改。通常是用图片处理软件对图片进行调色、抠图、合成、明暗修改、彩度和色度的修改、添加特殊效果、编辑、修复等。与图片处理类似的概念是图像处理，是对图像进行分析、加工和处理，使其满足视觉、心理以及其他要求的一种技术。图像处理是信号处理在图像域上的一个应用。大多数的图像是以数字形式存储的，因而图像处理在很多情况下指的是数字图像处理。此外，基于光学理论的处理方法依然占有重要的地位。

1. 图片处理常用软件

（1）Adobe Photoshop（简称PS）：常用的图像处理软件，在处理图片和拍摄照片时，有非常强大的功能。

（2）美图秀秀：目前中国最流行的一种图片处理软件，因为是免费的，且比PS操作简单，尤其是可以在手机上直接处理照片，深受年轻人的喜欢。

（3）ACDSee：一种非常流行的看图工具，简单、人性化的操控界面，支持多种格式的图片，自身也带有图片处理功能。

（4）光影魔术手：对数码照片进行处理的软件，简单实用，可以免费制作相框、艺术照，不需要专业的技术要求就可以很好地处理照片。

（5）系统自带的画图：开始—附件—画图，执行画图，在画图工具里可以简单地处理一些图片。

（6）Picasa2：Google 提供的免费图片管理工具，和其他图片处理软件不同，Picasa2 有强大的图片管理功能。

（7）CorelDRAW：有非凡的设计功能，广泛应用于商业设计和美术设计。

2. 图片处理的方法（以 Photoshop 为例）

（1）裁切图片

数码相机拍摄的照片需要经过裁剪，才能得到良好的构图和合适的大小。PS 中的裁剪工具可以完成这些任务。

① "裁剪工具"的基础用法

裁剪工具可以用来将图片裁大或者裁小，修正歪斜的照片。我们首先学习裁剪工具的基础用法。使用如图 3-71 所示的裁剪工具(标示1处)，可以看到属性栏(标示2处)在默认情况下是没有输入任何数值的，我们可以在图中框选出一块区域，这块区域的周围会被变暗，以显示出裁剪的区域。裁剪框的周围有8个控制点，我们可以利用它们把这个框拉宽、提高、缩小和放大。如果把鼠标靠近裁剪框的角部，可以发现鼠标会变成一个带有拐角的双向箭头，此时我们可以把裁剪框旋转一个角度。利用旋转裁剪框的方法，我们可以直接在裁剪的同时，将倾斜的图片修正过来。

图 3-71 Photoshop 截图

如果想制作标准的冲洗照片文件，可以利用属性栏中的宽度、高度和分辨率选项来裁剪。比如想制作5（英）寸照片，可以在宽度输入框中输入"5英寸"，在高度输入框中输入"3.5英寸"（如果以厘米为单位的话，为 12.7 cm×8.9 cm），分辨率是指在同等面积中像素的多少，相同的面积，像素越多，图像也就越精细。一般来说，分辨率达到300像素/英寸，图像效果就已经不错了，如图3-72所示。在裁剪照片的时候，要注意最终作品的构图，照片照得再好，裁剪不当也会功亏一篑。

图 3-72 Photoshop 截图

② 用"裁剪工具"修正照片透视

我们拍摄的建筑都是有透视变形的，如果这个变形过大，可以利用裁剪工具对其进行修复。

Photoshop软件中裁切修正图像透视的基本操作

在拍摄建筑时，我们会发现，建筑体积越大，透视造成的歪斜现象就越严重。对变形严重的图片，我们需要修正。另外，在有些情况下，我们会需要建筑物的正视图。比如，CS游戏里边的三维建筑，其实就是用软件将建筑的图片消除透视成为正视图后做成贴图，像糊灯笼那样贴在三维模型上制作出来的。如果两端都有歪斜的话，单纯地用旋转裁剪框的方法就无能为力了。

如图3-73所示，这栋较高的建筑，顶部离我们较远，底部离我们较近，近大远小，所以建筑在图片上是有透视变形的。如果想消除变形，我们可以在使用裁剪工具时，在属性栏里选择"透视"选项，拉动四角的控制点到建筑的四个角，按回车键确定即可得到建筑的正视图。

图 3-73 Photoshop 截图

（2）图片色彩和色调调整

① 整体色彩的快速调整

当需要处理的图像要求不是很高时，可以运用Photoshop中"亮度/对比度"、"自动色阶"、"自动颜色"和"变化"等命令对图像的色彩或色调进行快速而简单的总体调整。

Photoshop软件中图像整体色彩快速调整的方法

● 亮度/对比度

亮度/对比度命令可以简便、直观地完成图像亮度和对比度的调整。使用"亮度/对比度"命令调整图像亮度和对比度的具体操作步骤如下：执行菜单中的"图像—调整—亮度/对比度"命令，如图3-74、图3-75所示。

图 3-74 Photoshop 截图

调整前　　　　　　　　　调整后

图 3-75 Photoshop 截图

- 自动色阶

"自动色阶"命令可以自动调整图像的色阶，而不会出现参数调整对话框。"自动色阶"命令将每个颜色通道中最亮和最暗的像素设置为白色和黑色，中间色调按比例重新分布，因此使用该命令会增加图像的对比度，可以快速调整色调。但该命令不如使用"色阶"命令调整得精确，因此当图像的颜色比较复杂时，建议还是使用"色阶"命令。使用"自动色阶"命令调整图像色阶的具体操作步骤如下：执行菜单中的"图像—调整—自动色阶"命令，如图 3-76 所示。

调整前　　　　　　　　　调整后

图 3-76 Photoshop 截图

- 自动颜色

"自动颜色"命令可以让系统自动地对图像进行颜色校正。如果图像有色偏或者饱和度过高，均可以使用该命令进行自动调整。执行该命令不会出现参数调整对话框。使用"自动颜色"命令调整图像颜色的具体操作步骤如下：执行菜单中的"图像—调整—自动颜色"命令，如图 3-77 所示。

调整前　　　　　　　　　调整后

图 3-77 Photoshop 截图

- 变化

"变化"命令可以直观地调整图像或选区的色相、亮度和饱和度。使用"变化"命令调整图像色彩的具体操作步骤如下：执行菜单中的"图像—调整—变化"命令，如图 3-78 所示。

原图　　　　　"变化"对话框

图 3-78 Photoshop 截图

②色调的精细调整

当对图像的细节、局部进行精确地色彩和色调调整时，可以使用"色阶"、"曲线"、"色彩平衡"、"色相/饱和度"、"匹配颜色"、"替换颜色"和"通道混合器"等命令来完成。

Photoshop软件中图像色调精细调整的方法

- 色阶

"色阶"命令可以调整图像的暗调、中间调和高光等强度级别，校正图像的色调范围和色彩平衡。使用"色阶"命令调整图像色调的具体操作步骤如下：执行菜单中的"图像—调整—色阶"（按 <Ctrl+L> 组合键）命令，如图 3-79 所示。

原图　　　　　　　　　　　调整后　　　　　　　　　　"色阶"对话框

图 3-79 Photoshop 截图

- 曲线

"曲线"命令是使用非常广泛的色调控制方式。它的功能和"色阶"命令相同，只不过它比"色阶"命令可以做更多、更精密的设置。"色阶"命令只能用3个变量(高光、暗调、中间调)进行调整，而"曲线"命令可以调整0~255范围内的任意点，最多可同时使用 16 个变量。使用"曲线"命令调整图像色调的具体操作步骤如下：执行菜单中的"图像—调整—曲线"（按 <Ctrl+M> 组合键）命令，如图 3-80 所示。

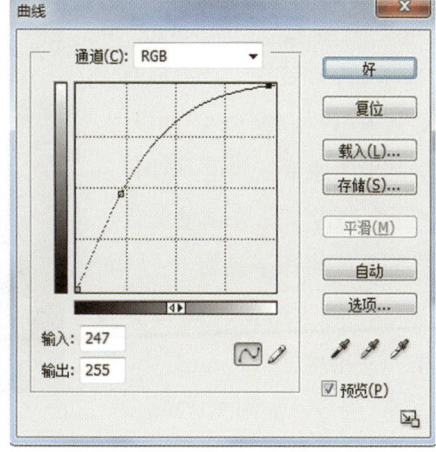

原图　　　　　　　　　　　调整后　　　　　　　　　　"曲线"对话框

图 3-80 Photoshop 截图

● 色彩平衡

"色彩平衡"命令会在彩色图像中改变颜色的混合，从而使整体图像的色彩平衡。使用"色彩平衡"命令调整图像色彩的具体操作步骤如下：执行菜单中的"图像—调整—色彩平衡"命令，弹出"色彩平衡"对话框，在该对话框中包含3个滑块，变化范围均为 –100~+100，分别对应上面"色阶"的3个文本框，拖动滑块或者直接在文本框中输入数值都可以调整色彩，如图3-81所示。

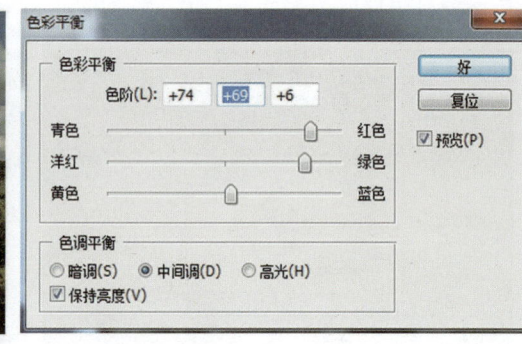

原图　　　　　　　　　　　调整后　　　　　　　　　　　"色彩平衡"对话框

图 3-81　Photoshop 截图

● 色相/饱和度

"色相/饱和度"命令主要用于改变像素的色相及饱和度，而且它还可以通过给像素指定新的色相和饱和度来实现给灰度图像添加色彩的功能。在 Photoshop CS5 中，还可以存储和载入"色相/饱和度"的设置，供其他图像重复使用。使用"色相/饱和度"命令调整图像色彩的具体操作步骤如下：执行菜单中的"图像—调整—色相/饱和度"（按 <Ctrl+U> 组合键）命令，如图3-82所示。

原图　　　　　　　　　　　调整后　　　　　　　　　　　"色相/饱和度"对话框

图 3-82　Photoshop 截图

● 匹配颜色

"匹配颜色"用于匹配不同图像之间、多个图层之间或者多个颜色选区之间的颜色，即将源图像的颜色匹配到目标图像上，使目标图像虽然保持原来的画面，但却与源图像有相似的色调。使用该命令还可以通过更改亮度和色彩范围来调整图像的颜色。使用"匹配颜色"命令调整图像色彩的具体操作步骤如下：执行菜单中的"图像—调整—匹配颜色"命令，如图3-83所示。

Photoshop软件中图像匹配颜色调整的方法

原图 　　　　调整后  　　　　匹配源 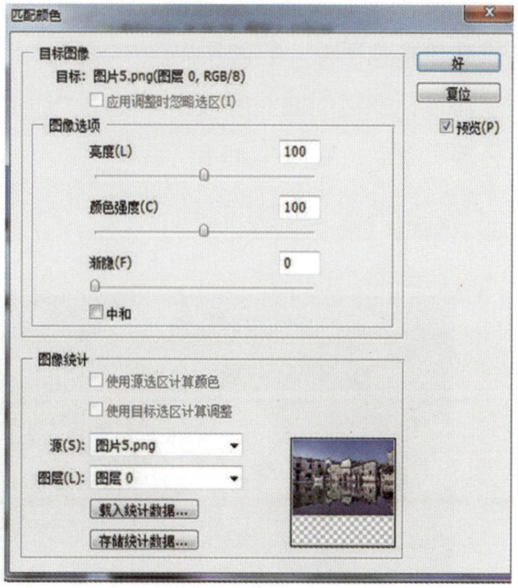　　　　"匹配颜色"对话框

图 3-83 Photoshop 截图

● 替换颜色

"替换颜色"命令允许先选定图像中的某种颜色，然后改变它的色相、饱和度和亮度值。相当于执行菜单中的"选择色彩范围"命令再加上"色相/饱和度"命令的功能。使用"替换颜色"命令调整图像色彩的具体操作步骤如下：执行菜单中的"图像—调整—替换颜色"命令，在该对话框中，可以选择预览"选区"或"图像"，如图3-84所示。

Photoshop软件中对图像局部替换颜色的方法

原图 　　　　替换后 　　　　"替换颜色"对话框

图 3-84 Photoshop 截图

单元三　图形—创意

99

- 通道混合器

"通道混合器"命令可以通过从每个颜色通道中选取它所占的百分比来创建高品质的灰度图像，还可以创建高品质的棕褐色调或其他彩色图像。它使用图像中现有(源)颜色通道的混合来修改目标(输出)颜色通道。使用"通道混合器"命令可以通过源通道向目标通道加减灰度数据。使用"通道混合器"命令调整图像色彩的具体操作步骤如下：执行菜单中的"图像—调整—通道混合器"命令，如图3-85所示。

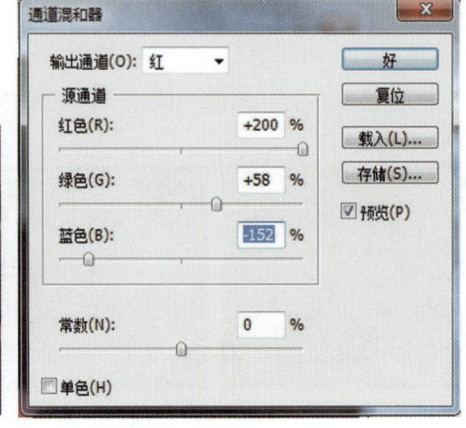

原图　　　　　　　调整后　　　　　　"通道混合器"对话框

图3-85 Photoshop 截图

技巧 3　图片与文字的搭配

图片与文字是版面中主要的编排元素，通常不会以单独的形式出现在版面上。图片与文字的混排过程中常常会出现一些问题，以下介绍了相关注意事项。

1. 注意图片与文字的距离

在视觉传达设计的不同载体中，应注意文字与图片的距离，如果距离太小，则没有透气的感觉，让观者有一种压抑感和粗糙感；如果两者的距离过大，又会觉得不连贯，所以应该把握一个合适的距离，这就需要设计者借鉴成功的案例及长期的经验积累，如图3-86所示。

2. 注意文字与图片的统一

在图片与文字编排的版面中，应注意版面的协调统一。文字与图片作为版面中重要的构成元素，其版面的一致性直接影响着

文字与图片的距离太小　　　　　　　文字与图片的距离太大　　　　　　　文字与图片的距离正常

图 3-86 Photoshop 截图

整个版面的视觉效果。因此，在版式中要把文字与图片的宽度统一起来，这里所谓的统一，不是将版面中的所有元素都采用同样的编排形式，过于统一的版式会造成版面的疲劳感，在统一中求变化是版式设计的要点。在统一图片与文字的编排过程中，应避免不彻底的处理方式，否则会造成版面散乱，失去美感。如文字与图片沿上边线对齐或文字与图片沿下边线对齐，会使整个版面看起来协调统一，如图 3-87、图 30-88 所示。文字与图片上下均没有对齐，会使版面失去重心，如图 3-89 所示。

图 3-87 Photoshop 截图 　　　　　　图 3-88 Photoshop 截图 　　　　　　图 3-89 Photoshop 截图

3. 注意图片与文字的位置关系

在版面编排过程中，应注意图片与文字的位置关系，即不能损坏文字的可读性特征。如图 3-90 所示，将版面中的图片编排在一段文字的中间，打断了文字的阅读节奏，使整个版面失去连贯性，而且在一行文字中间，也不应该在不合适的位置进行图片编排，可以考虑将图片编排在文字段落的句首或者句尾的位置上，避免打乱版面的阅读视觉流程。

4. 注意对图片中文字的处理

在版面中，文字是信息传达的主要元素，在文字与图片的混合编排中，文字往往起着解释说明的作用。如图 3-91 所示，版面中右边字体的颜色选用不当，造成版面中文字信息不够明确，最好采用白色作为该图的文字备选颜色。如图3-92所示，版面中右边的文字编排在图片的重要表现位置上，破坏了整张图片的视觉传达效果，不利于版面信息的传达。

图 3-90 Photoshop 截图　　　　图 3-91 Photoshop 截图　　　　图 3-92 Photoshop 截图

技巧4　解除图片的各种限制

1. 用 Photoshop 解除图片限制，再进行编辑

我们在设计的过程中，有些图片在 Photoshop 中不能进行编辑应用，这是因为图片的色彩模式为索引模式，如图 3-93 所示。我们只要将其调整为其他模式就能根据需要进行编辑和修改了，具体操作步骤：选择图像菜单—模式。如果图片用于电视和网页，则通常选用 RGB 色彩模式；如果图片用于印刷，则应选择 CMYK 色彩模式，如图 3-94 所示。解除锁定的图片图层为正常显示，如图 3-95 所示。

2. 在设计中解除图片侵权的限制

因为网络环境原因，很多图片不一定找得到出处，对于版权不明的图片，最好不要直接使用，建议去正规的图片网站，使用免费的素材，或者购买有版权的图片。特别是用作商用设计的图，在图片的选择使用上更要注意，可以到商业图库购买授权，还有些商业图库支持每天 1 ~ 2 张的免费图片素材下载，如果量不多的话，可以到这些素材站点下载。当然大部分的商用图片合作

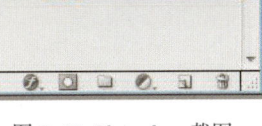

图 3-93 Photoshop 截图 　　　　　　　图 3-94 Photoshop 截图 　　　　　　　图 3-95 Photoshop 截图

方一般会提供他们拍摄的照片给设计师，这种情况下就不用设计师操心图片问题了，专心做好设计就可以了。如果设计师的技能比较多，动手能力特别强，不仅会画画或者做手工场景模型，还会自己拍摄照片的话，那就再好不过了。这样既能避开图片的侵权问题，还能把设计师的想法最大限度地还原出来。

　　我们收集了一些目前优秀的提供免费图片素材的资源网站，这些网站的图片质量较好，大部分为高分辨率（高解析）的，最重要的是它们是免费的而且无版权限制，同时具备免费、高清（无码）、无限制这三大优点。免费图片素材资源网站主要有：Gratisography，里面的图片每周都会更新，很多时尚流行的照片都在里面，适合用在设计项目上，且免费供个人、商业使用；PicJumbo，提供免费的个人和商业使用的图像，照片质量不错，非常适合用在界面设计或其他项目上；Life Of Pix，提供免费高清图像素材，并且无版权限制，图片多为欧洲景观；IM Free，提供搜索和分类目录，有人物、自然、艺术、生活、图标等分类；Free Images，里有很多适合平面设计师、网页设计师使用的图像素材，均为免费下载，但需要注册会员才能下载；Death To Stock Photos，用户需要邮箱订阅后才能获取该网站上的图片，该站每月会向用户发送免费的图片素材；Pixabay，是一间超高质量且无版权限制的图片贮藏室，不论数字或者印刷格式、个人或者商业用途，都可以免费使用该网站任何图像，并且无原作者署名要求；Publicdomainarchive，目前已经有 5 万张免费高清图像，设计师可以免费使用在创意项目上；Snapographic Snapographic，分享的图像也被分类了，有动物、建筑、景观、纹理等图像素材，当然也是免费使用的。

拓展训练

编排设计画册

主题：以党史为依托，进行画册编排设计

尺寸：自定义

分辨率：300 dpi

色彩模式：CMYK

文件格式：TIF

设计要求：

1. 前期要了解党史相关内容，搜集党史相关资料进行分析；了解画册的作用及面向对象，分析面向对象为画册设计内容定位。

2. 开本自定义。

3. 宣传册封面设计要直观反映红色文化内容。

4. 形式与内容相统一（整体性）。

5. 做工要细致。

6. 要装订成册。

7. 要有原创性。

单元四

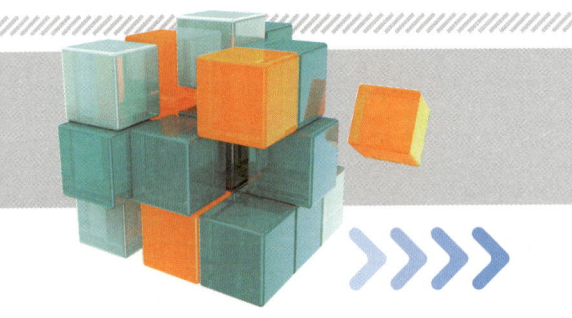

色彩——搭配

理论目标　掌握版式设计中色彩的基础知识以及搭配原理。

实践重点　了解在包装版式设计中色彩的搭配技巧并能够熟练掌握这种技巧。掌握名片的设计常识并完成名片命题作业。

职业素养　本章通过色彩在版式设计中搭配运用，提高对色彩心理、审美的认识，让学生能够用色彩表达思想、意境、传达准确信息。拓展训练中的任务教学加强学生对地方文化的深入调查与学习，激发学生对地方文化的传承与保护意识，增强学生的艺术审美能力。

知识讲解

色彩的搭配是版式设计中一个重要的环节和步骤,其主要作用是在不同主题的版式设计过程中选用适合的色彩语言去合理地进行艺术搭配。它是版式设计中的一种展现形式,也是学习版式设计的学生必须掌握的一种专业能力。

4.1 色彩的基础知识

色彩,通常是指人类通过眼睛、大脑和在历史生活的长河中逐渐积累起来的一种对光的视觉效应。它可以分成两种类型:一种为无彩色系,另一种为有彩色系。有彩色系的色彩有色相、明度、纯度三种特性,而无彩色系的色彩是一种纯度为0的色彩。不同的色彩会带给人不同的感受,会让人产生不同的联想,从而对人们的情感产生有影响。

4.1.1 无彩色系

所谓无彩色系,就是黑色、白色和由黑白调合形成的各种深浅不同的灰色调。现实生活中,不存在纯黑与纯白的物体,我们只是把它作为明度的一种基本性质,越接近黑色,明度越低;越接近白色,明度越高。如图4-1、图4-2所示为数码后期处理的图片。

图4-1 黑白数码后期处理——低明度 (学生作业)

图4-2 黑白数码后期处理——高明度 (学生作业)

4.1.2 有彩色系

有彩色系是由红、橙、黄、绿、蓝、靛、紫等基本颜色组合而成的。不同的明度和纯度又组合出不同的红、橙、黄、绿、蓝、靛、紫等相近的色调,这些色调都属于有彩色系。光波波长和振幅的不同决定了这些色调的不同,其中波长决定色相,振幅决定色调,如图4-3、图4-4所示为数码后期处理的图片。

色彩的明亮程度决定色彩的明度,在有彩色系中黄色的明度最高,蓝色、紫色的明度最低,红色、绿色属于中间明度。当在同一色相时,加黑明度会变低,加白明度会变高,如图4-5、图4-6所示为数码后期处理的图片。

色彩的纯净程度决定色彩的纯度,当含有的色彩成分越高时,则色彩的纯度越高;相反,当含有的色彩成分越低时,则色彩的纯度越低,如图4-7、图4-8所示为数码后期处理的图片。其中纯度最高的颜色为红色,黄色也是相对纯度比较高的颜色;相反,绿色是纯度相对较低的颜色,只有红色的一半左右。

图4-3 彩色数码后期处理——色相(学生作业) 　　图4-4 彩色数码后期处理——色调(学生作业)

图4-5 彩色数码后期处理——高明度(学生作业) 　　图4-6 彩色数码后期处理——低明度(学生作业)

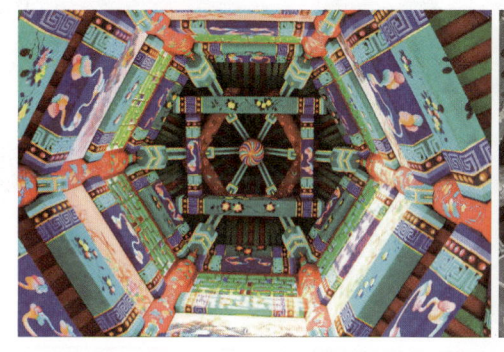

图4-7 彩色数码后期处理——高纯度(学生作业) 　　图4-8 彩色数码后期处理——低纯度(学生作业)

纯度体现了色彩的性格。同一色相,只要在纯度上发生细微的变化,它的色彩性格就会立即有所变化。所以作为一名未来的平面设计师,必须要掌握色彩在纯度上的精妙变化。

4.2 色彩在版式设计中的应用

4.2.1 再现主题的真实性

通过色彩在版式设计中的应用，可以比较真实、完整地表达设计主题的原有含义。有彩色系的设计画面会更真实地反映版式设计中所要呈现的人物、场景、景物，相较于无彩色系的设计画面更具有说服性和吸引力，更能够增强大众对设计主题的信任感。例如，在化妆品广告中使用彩色的摄影图片，能使化妆品的品类、质感得到真实的展现，如图4-9所示。广告版式中色彩的合理使用能够给人带来愉悦的感受。

图 4-9 伊贝诗广告设计（学生作业）

4.2.2 使版式的主题具有注目性

运用色彩的对比手法使版式产生与众不同的色彩感和色彩组合，便于在进行主题式版式设计中区别于其所处环境中的事与物。这种与众不同的色彩组合可以让版式设计表达出活泼可爱、热烈奔放、冷酷忧郁的设计语言，也可以是宁静安详、朴实无华的设计语言，还可以是高贵典雅、幽默滑稽的设计语言。总之运用色彩的对比手法会使作品产生一种不与他人同行的感觉，进而形成色彩冲击力，引发关注。让受众在与主题式版式设计作品接触的刹那，有种心灵为之颤动的感觉，只有这样才能留住大众，先声夺人，给大众留下深刻印象。

色彩在版式设计中的注目性

如图 4-10 所示是系列海报设计，运用了色彩的对比方式使画面中的主体概念更加突出，增加了版式主题所表达的情绪，让消费者可以更好地了解海报展现的主题。

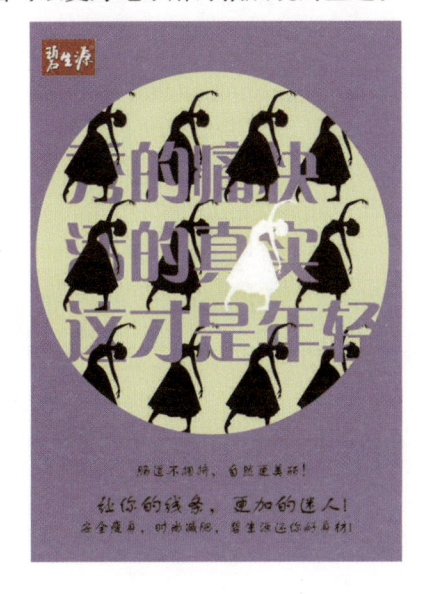

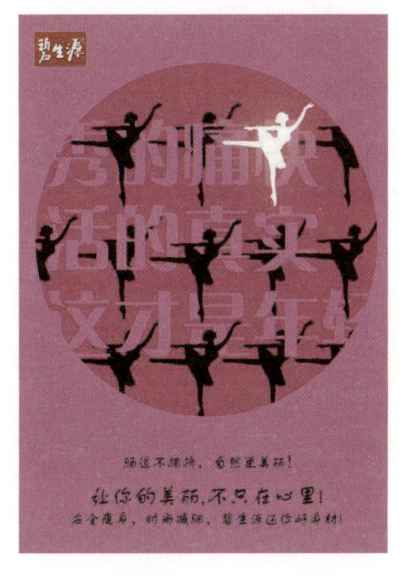

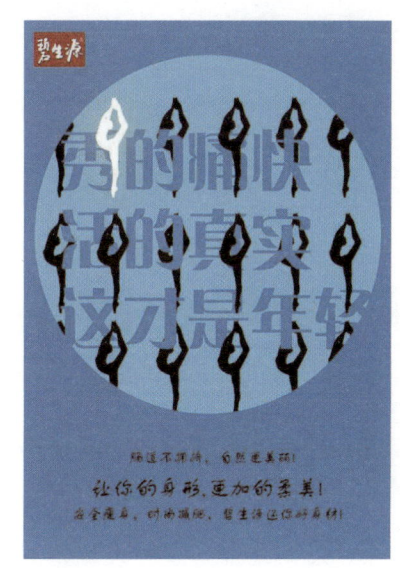

图 4-10 碧生源系列广告设计（学生作业）

如图 4-11 所示，在两张海报之间运用了色彩的对比方式，运用不同场景的画面描述，赋予产品更多的故事性，增加消费者选择购买时的想象空间。

4.2.3 使整体版式具有陶冶性

在版式设计中，陶冶性也是重要的组成部分。因为美的事物往往可以给人美的联想，让人获得美的享受，从而寄予对美好事物的希望。版式设计的色彩不仅仅是排版自身的一种需求，随着人们精神世界的不断丰富，对于美的追求也在不断提高，色彩不能只是作为服务版式设计的一种工具，而要与艺术融于一体。如图 4-12 所示，是由商业广告作品色彩方面的舒适度展现出的效果。所以，在版式设计的过程中，色彩的合理运用可以更加吸引人们的注意，为版式设计的作品在陶冶情操方面提供了更多的可能性。

图 4-11 RIO 系列广告设计（2019 年创意星球学院奖春季赛）

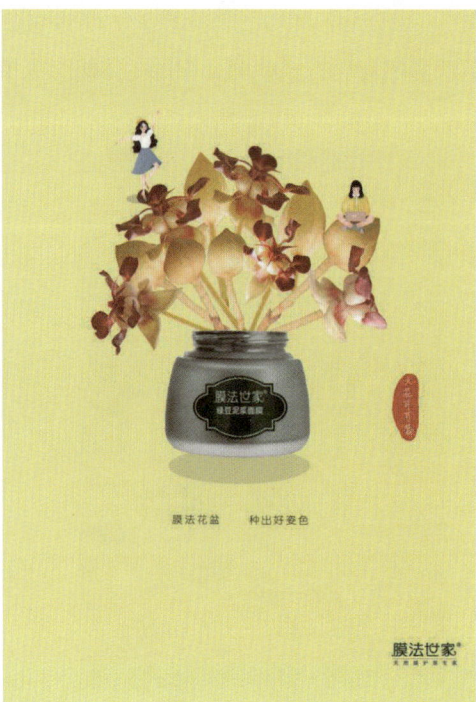

图 4-12 膜法世家系列广告设计（2019 年创意星球学院奖春季赛）

4.2.4 使版式的主题具有提示性

在整体版式中，可以运用与主题相关联的色彩，使之对主题具有提示性。把这些相关联的色彩进行组合、搭配，创作出个性化、形象鲜明的版式，让大众在看到系列色彩的时候，对版式所表达的主题产生联想，以此来达到版式中色彩运用的终极目的，如图 4-13 所示。

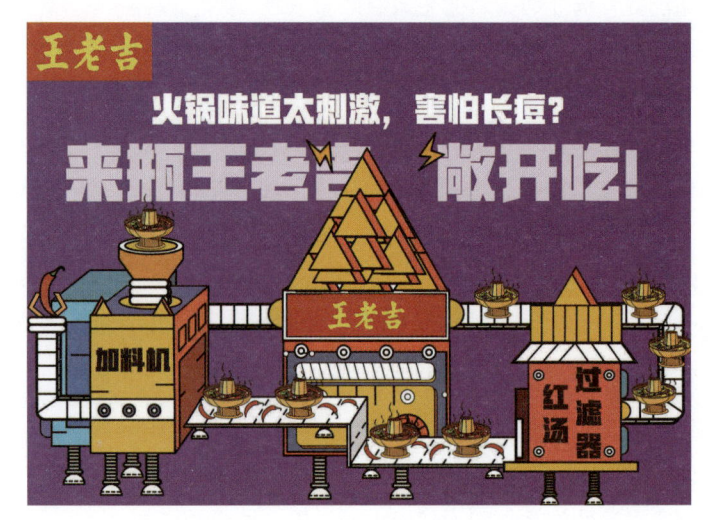

图 4-13 王老吉系列广告设计（2019 年创意星球学院奖春季赛）

包装版式设计

1. 包装版式设计

包装设计是以保护商品、使用、促销为目的，将科学的、社会的、艺术的、心理的各要素综合起来的专业技术和能力。

在美国，包装是为产品的运输和销售所做的准备行为。

在英国，包装是为货物的运输和销售所做的艺术、科学和技术上的准备工作。

在我国，包装是在流通过程中保护产品，方便运输，促进销售，按一定技术方法而采用的容器、材料及辅助物等的总体名称。也指在为了达到上述目的而采用容器、材料和辅助物的过程中施加一定技术方法等的操作活动。

包装有很多种分类方法：

按包装在流通过程中的作用分为：外包装（大包装）、中包装、内包装（小包装）。

按产品销售范围分为：内销产品包装、出口产品包装。

按包装材料分为：木质包装、纸质包装、玻璃包装、陶瓷包装、塑料包装、金属包装、纤维制品包装、复合材料包装或其他天然材料包装。

按包装使用次数分为：一次用包装、多次用包装和周转包装等。

按包装容器的软硬程度分为：硬包装、半硬包装和软包装等。

按产品种类分为：食品包装、药品包装、机电产品设备包装、危险品包装等。

按功能分为：运输包装、贮藏包装和销售包装等。

按包装技术方法分为：防震包装、防湿包装、防锈包装、防霉包装等。

按包装结构形式分为：贴体包装、泡罩包装、热收缩包装、可携带包装、托盘包装、组合包装等。

包装的构成要素包括包装对象、材料、造型、结构、防护技术、视觉传达等。而一般商品包装包括商标、品牌、文字、形状、颜色、图案、材料和商品基本信息等。只有合理地把这些要素进行版式上的排列，才可以更好地提高商品的销售量，如图4-14所示。

图4-14 Blueberries 包装设计（2019年拉丁美洲设计奖专业组包装设计类入围作品）

包装的版式设计中，常见的类型有以下几种：

原材料式版式：将产品的原材料照片或原材料的图形化图形作为版式的主体，放在整个版式的视觉重心。这是一种比较常用并且实用的版式设计方法，整个版式清晰明了，消费者可以迅速进行挑选，从而引起消费行为。如图4-15所示的系列包装，将不同种类的蛋糕主体进行展示，方便消费者进行直观挑选。

色块式版式：应用色块进行版式的分割，使其形成多个部分。其中某一部分起到主要视觉吸引作用，通常这一部分是色彩中最强烈的部分；其余部分可以用来填充产品信息，或继续填充其他装饰性设计元素，使包装版式设计的整体性更加完整。如图4-16所示的巧克力系列包装设计用色块进行装饰，起到了良好的视觉吸引作用，便于让消费者进行口味选择。

包装设计-色块式版式

包围式版式：把文字作为版式主体，应用其他形状、图形、图案装饰进行陪衬，使文字被包围在其中，进而突出文字内容，如图4-17所示。

局部式版式：单个包装版式画面中只展示主体图形或图案的一部分，而把多个包装组合在一起可以产生一个新的图形或图案，让消费者有更广阔的想象空间，如图4-18所示。

图4-17 包围式版式系列包装设计（2020年IF设计奖获奖作品）

图4-15 原材料式版式系列包装设计（2020年IF设计奖获奖作品）

图4-16 色块式版式系列包装设计（2020年IF设计奖获奖作品）

图4-18 局部式版式系列包装设计（2020年红点设计概念大奖作品）

纯文字式版式：包装上没有任何图形或图案，主要是对产品的名称、标志、主要宣传点、基本信息等文字进行排版，这样的设计一目了然，最考验设计师的排版功力，如图 4-19 所示。

图 4-19 纯文字式包装设计（2019 年拉丁美洲设计奖专业组包装设计类入围作品）

底纹式版式：多采用抽象的几何线条元素，把它们经过系统的设计与排列，形成布满整个版面的底纹，使画面给予消费者饱满、充实的感受，如图 4-20 所示。

图 4-20 底纹式版式系列包装设计（2020 年 IF 设计奖获奖作品）

标志主体式版式：将商品品牌标志作为视觉重心，不做过多的装饰。许多知名商品品牌都喜欢采用这样的版式设计，以此突出商品品牌本身标志的影响力，简洁、大气的版式，再加上一些特殊工艺，能突出展现品牌的高端、奢华感，如图 4-21 所示。

图 4-21 标志主体式版式包装设计（2020 年 IF 设计奖获奖作品）

图文组合式版式：这种版式的构图方式比较灵活，主视觉不是一个独立的主体，而是由一些分散的元素组合而成的。例如：将文字信息、色彩、图片或图形元素等进行组合，经过设计排版后，最终达到画面整体的协调统一，如图 4-22 所示。

融入结合式版式：用精妙的编排将产品与包装结合在一起，达到图形或图案与产品合二为一的效果，从而组成一个新的图形或图案。这样的排版方式多为创意包装的版式设计，如图 4-23 所示。

图 4-22 图文组合式版式包装设计（2019 年拉丁美洲设计奖专业组包装设计类入围作品）

Forest--sorting garbage bags

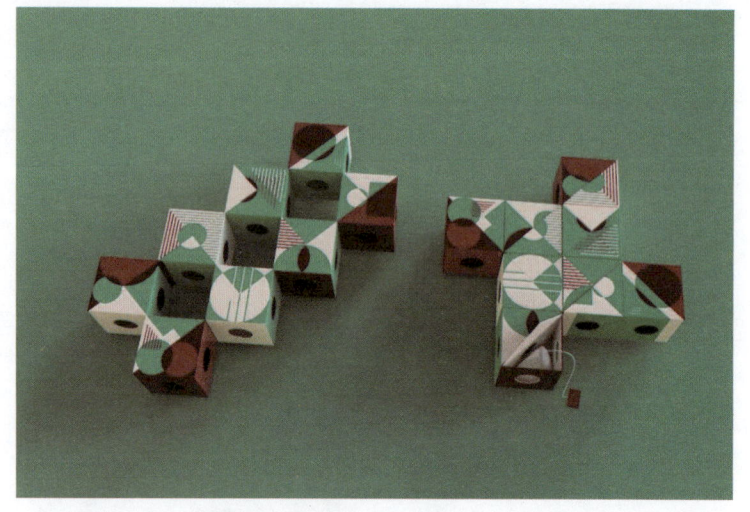

图 4-24 全屏式版式包装设计（2020 年 IF 设计奖获奖作品）

局部镂空式版式：把包装盒的某个部分进行镂空处理，让消费者更方便、清晰地看出产品的形态。日化、食物等产品多用这种形式来进行版式设计，如图 4-25 所示。

sorting garbage

图 4-23 融入结合式版式系列包装设计（2020 年 IF 设计奖获奖作品）

全屏式版式：与底纹式版式略有不同，全屏式版式设计把图形或图案当作主体布满整个版面，如图 4-24 所示。

图 4-25 局部镂空式版式包装设计（2019 年拉丁美洲设计奖专业组包装设计类入围作品）

2. 包装设计的要点

（1）设计风格要醒目：在包装设计过程中，要时刻提醒自己如何使商品的包装起到促销的作用，实现这一目标最重要的就是要引起消费者的注意，只有引起消费者注意的商品才有被购买的可能。因此，在进行包装设计时要使用新颖别致的造型，鲜艳夺目的色彩，美观精巧的图案，各有特点的材质，这样才能产生醒目的效果。如图4-26所示，消费者一看见这样的包装就很容易产生强烈的兴趣。

图4-26 包装设计（2019年拉丁美洲设计奖专业组包装设计类入围作品）

（2）设计内容要容易理解：成功的包装不仅要通过造型、色彩、图案、材质的使用引起消费者对产品的注意与兴趣，还要使消费者通过包装精确理解产品。因为人们购买的目的并不是包装，而是包装内的产品。准确传达产品信息的最有效办法是真实地传达产品形象，因此，可以采用全透明包装或在包装容器上开窗展示产品，也可以在包装上绘制产品图形或在包装上做简洁的文字说明，还可以在包装上印刷彩色的产品照片等，如图4-27所示。

（3）设计整体要有好感度：包装的造型、色彩、图案、材质要能引起被人喜爱的情感，因为喜爱对购买行为起着极为重要的作用。好感来自两个方面。一方面是实用，即包装能否满足消费者的各方面需求，这涉及包装的大小、多少、精美等方面。同样的护肤霜，可以是大瓶装，也可以是小盒装，消费者可以根据自己的习惯选择。同样的产品，包装精美的容易被人们选作礼品，包装差一点的只能自己使用。当产品的包装提供了方便时，自然会引起消费者的好感。另一方面，好感还直接来自包装的造型、色彩、图案、材质带给人的感觉，这是一种综合性的心理效应，与个人以及个人所处的环境有密切关系。如图4-28所示，运用鸟的造型直接揭示了此作品为鸟饲料的包装设计，巧妙地从嘴部开口，方便使用者直接将饲料准确投放到食物的承载器皿当中。

图4-27 夏末萱言包装设计（2020年红点设计概念大奖作品）

图4-28 Like a bird 系列包装设计（2020年红点设计概念大奖作品）

3. 包装设计鉴赏

　　Pentawards 被誉为产品包装设计界的"奥斯卡"，创办于 2007 年。这一奖项致力于提高包装设计质量与创作人员的专业水准，设置了钻石奖、铂金奖、金奖、银奖和铜奖。如图 4-29 至图 4-34 所示为 2019 年 Pentawards 获奖作品。

图 4-29 Pentawards 钻石奖

图 4-30 Pentawards 铂金奖

图 4-31 Pentawards 铂金奖

图 4-32 Pentawards 铂金奖

图 4-33 Pentawards 金奖

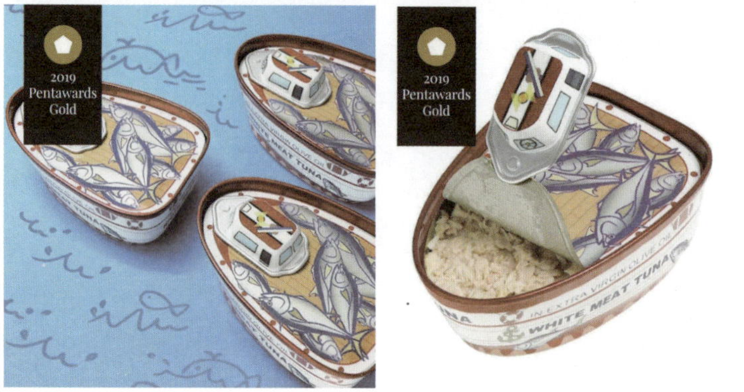

图 4-34 Pentawards 金奖

4. 包装设计项目实践

设计说明：该包装设计主题以欧式简约风为主，中间设计一个长条的带子印上"还少仙"的字体，下方放上LOGO，用色大胆简约。

图 4-35 "还少仙"酒类包装设计（学生作业）"精装版"

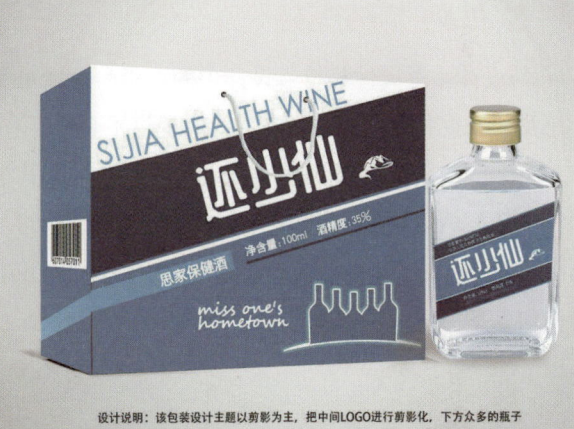

设计说明：该包装设计主题以剪影为主，把中间LOGO进行剪影化，下方众多的瓶子也以剪影背景化作为设计特色。颜色以蓝色为主，深蓝、钴蓝、浅蓝的运用，使该设计个性鲜明，一目了然。

图 4-36 "还少仙"酒类包装设计（学生作业）"简装版"

设计说明：该包装设计采用了新年剪纸的主题，风格复古怀旧，以红色色调为主，让人联想到新年红红火火、热闹非凡的景象，刺激消费者购买欲望。

图 4-37 "还少仙"酒类包装设计（学生作业）"纪念版"

实践技巧

色彩搭配技巧

色彩搭配技巧-设计主题相符性

1. 色彩的搭配基础

与设计主题属性相符：设计中的色彩与设计对象的属性在长期自然的情况之下形成了它们特有的、内在的联系。设计师对色彩感受的长期积累，为他们在设计时提供了必要而有效的依据。

不同类别的商品主题在消费者的心目中都有其根深蒂固、不因设计而轻易改变的"固有色""基本色""惯用色"等。就像人们自然而然地认为，茄子是紫色的，黄瓜是绿色的，番茄是红色的，是相同的道理。如果在设计中使茄子变成黄色，黄瓜变成紫色，番茄变成咖啡色，这样的设计在受众心中的可信度必然会大打折扣。对于这种现实生活中最常见的设计对象，人们对于它们的认识，已经由长期的感性认识上升为一种理性的特定概念，它已经成为受众判断商品性能和设计可信度的一个视觉信号，如图 4-38 所示。

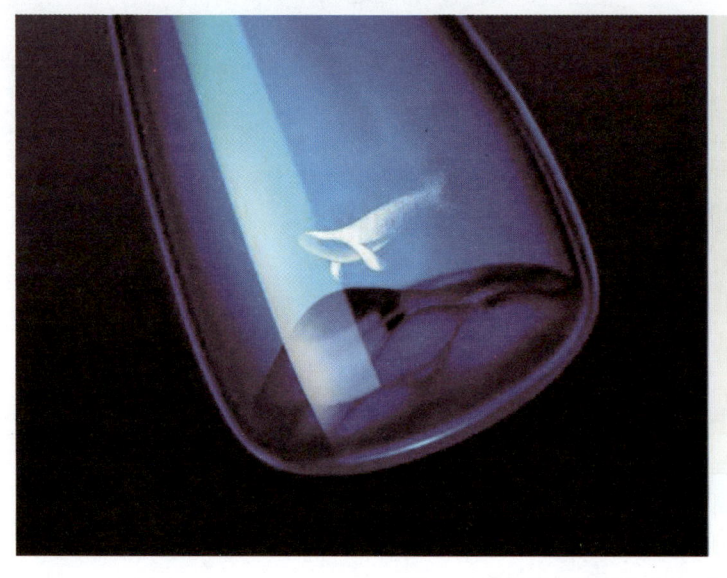

图 4-38 固有色包装设计（2020 年 IF 设计奖获奖作品）

与企业 VI 的用色相符：企业的形象色是企业 VI 系统中的一项重要组成部分。为了赢得激烈的市场竞争，很多的大型企业都非常重视提升企业自身的整体品牌形象，为了扩大国内外市场、增加产品的附加值和品牌的认知度，企业通常会在不同的媒介和设计中采用统一的企业标准色，从而达到标志性、规范化、一体性的目的，进而提升消费者对品牌的认知和信赖感，如图 4-39 所示。

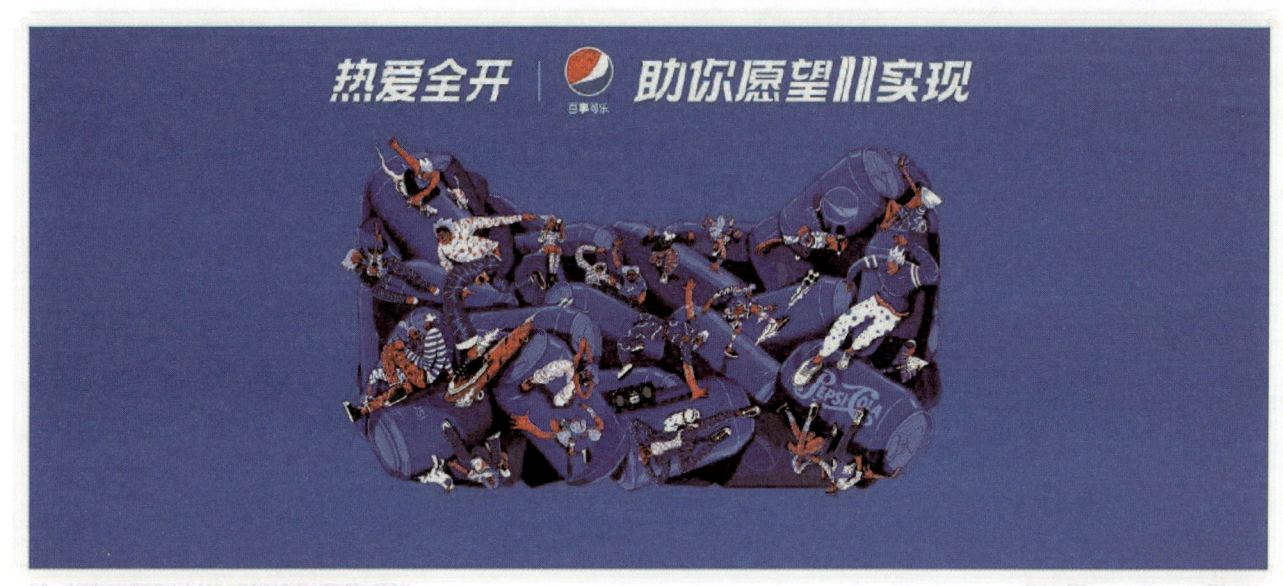

图 4-39 BANNER 宣传设计（2019 年百事可乐天猫双 11 全球狂欢节）

不脱离市场、地域的用色习惯：不同的国家、民族其文化背景、宗教信仰、民俗习惯有所不同，所以对色彩的理解和认知也有所不同。设计师在进行设计创作的过程中，要充分考虑到不同区域的消费群体、城乡差异、民族宗教之间的种种差异，要因地因时地进行色彩规划，否则不但会破坏设计的效果，还有可能引起纠纷，造成意想不到的后果。

不脱离"变化统一"：无论是做什么样的设计，人们的第一印象总是会受到色彩的影响，设计中的整体色彩直接影响消费者的消费行为。占据最大面积的颜色的性质，决定了整体色调的倾向和所要表现的属性。不过一味地强调整体色调的统一也会使画面变得单调，没有生机，运用小面积的对比色可以使画面活跃，也可以使设计主题得到强化。在设计中，变化和统一都不是一成不变的，变化是局部的，统一却是全局的，要在变化中求统一，在统一中求变化，才能做到既有对比又不失和谐的统一感，才能吸引更多人的注意目光。

季节性色调：色彩是设计中的一项基本组成要素，不同的色彩组合产生的设计效应有所不同。在不同的季节，针对不同的主题，设计中的色彩组合要有所变化。

一般来说，设计的色彩可以根据不同的季节进行适当的变化，这些变化不但要与消费者的心理达成共识，还要符合商品本身应有的特性。例如：春季，色彩的组合应该有清新、淡雅之感；夏季，天气炎热，阳光充足，所以一般采用火热或者清凉感的色调；秋季，秋风飒爽，天高云淡，扫去夏季的炎热，在这个金黄、丰收的季节，一般可以用金色、浓艳的色调；冬季，天气寒冷、干燥，相较于寒冷的室外，人们还是喜欢在温暖的室内活动，为了刺激消费，应适合采用一些温暖的颜色。

商品性色调：指不同品类的商品拥有的所属类型的、商品本身的色调。比如说：女士用品一般应该体现女性温柔、娇媚、具有母爱等特点，所以在色调上一般可采用暖色调，当然这也不是绝对的，也要根据品牌特点和所要展现的风格来决定；男士用品一般要使用能体现男士稳重、干练气质的色彩。

2. 色彩与情感

黑色：被广泛地认为是悲哀、严肃和压抑的颜色，但在积极方面它被认为是经历丰富和神秘的色彩。把黑色作为主色调，通常是要非常谨慎的。如果你准备设计儿童书店，那么黑色就是最坏的选择，但如果是摄影棚或画廊，黑色可能是最佳选择，毕竟对艺术家来说，黑色是最有魅力的颜色之一。有时为表现有神秘感的场所、产品等，人们也喜欢用黑色。如图 4-40 所示，黑色的酒包装设计尽显了酒的神秘与高雅。

白色：在心理学上，白色有清洁、纯洁、朴素、直率和清白的意味。在设计中，设计师经常将白色作为背景颜色，因为它最容易识别。作为一种"无色"背景，我们可以任意使用这种颜色，如图 4-41 所示。

在白色中混入少量的红色，就成为淡淡的粉色，鲜嫩而充满诱惑。

在白色中混入少量的黄色，则成为一种乳黄色，给人一种香腻的印象。

色彩搭配技巧-白色

在白色中混入少量的蓝色，给人清冷、洁净的感觉。

在白色中混入少量的橙色，有一种干燥的气氛。

在白色中混入少量的绿色，给人一种稚嫩、柔和的感觉。

在白色中混入少量的紫色，可诱导人联想到淡淡的芳香。

图 4-40 Untouched by Light 包装设计（2020 年红点设计大奖包装类获奖作品） 　　图 4-41 方向（学生作品）

灰色：在多数情况下，灰色有保守的意味，代表实用、悲伤、安全和可靠性。有的人不喜欢灰色，认为它是一种令人厌烦的颜色，代表了行事古板、无生命力。而把它作为背景色是难以置信的，除非你想把暗淡和保守的思想传达给你的顾客，所以在做设计时最好选择其他中性色做背景色，如浅褐色和白色。但是如果适当地用一定的冷色调和灰色，如表现抑郁、沮丧也许会是成功的。所以运用灰色和其他颜色进行调和、搭配使用，也可以使整个画面不再暗淡，有了朝气与生气，如图4-42所示。

红色：最热烈的颜色，表达热情和激情。热与火、速度与热情、慷慨与激动、竞争与进攻都可用红色来体现。它可以是刺激的不安宁的颜色，也可以是热情、喜气、激昂的颜色。红色在使用时可以搭配场景及内容轻易地表达出设计师的情感。如图4-43所示的包装设计作品就用红色的外星人形象吸引人们的注意。

在红色中加入少量的黄色，会使其热力强盛，给人一种躁动、不安的感觉。

在红色中加入少量的蓝色，会使其热的属性减弱，给人一种文雅、柔和的感觉。

在红色中加入少量的黑色，会使其性格变得沉稳，给人一种厚重、朴实的感觉。

在红色中加入少量的白色，会使其性格变得温柔，给人一种含蓄、羞涩、娇嫩的感觉。

绿色：要非常谨慎地使用绿色，因为对大多数人来说，它都能产生一种强烈的感情，有积极的也有消极的。在某些情况下，它是一种友好的色彩，表示忠心和聪明。绿色通常用在财政金融、生产、卫生保健、环境保护等领域。如图4-44所示的滴露将自己的产品比作经典门神，守护家人的安全。

在绿色中加入少量的黑色，其性格就趋于庄重，给人一种老练、成熟的感觉。

图4-42 包装设计—灰色（2020年IF设计奖获奖作品）

图4-43 WISEMAN BEER 包装设计（2020年红点设计大奖包装类获奖作品）

图4-44 BANNER宣传设计（2020年滴露天猫双11全球狂欢节）

在绿色中加入少量的白色，其性格就趋于洁净，给人一种清爽、鲜嫩的感觉。

蓝色：较为流行的色彩，传递和平、宁静、协调、信任和信心。如图4-45所示惠氏铂臻3在宣传上应用了毛线织成的天猫猫头，把自己的产品比喻成每个孩子都会拥有的一件母亲亲手织的毛衣，承载着儿时的天马行空，见证着孩子们的成长。但如果把蓝色用于食物或烹饪领域，则是很糟糕的一件事情，因为地球上很少有蓝色的食物，它只会抑制人们的食欲。如果在蓝色中分别加入少量的红、黄、黑、橙、白等颜色，均不会对蓝色的性格构成较明显的影响；但在蓝色中要谨慎地使用大面积的橙色与其进行搭配，因为这两种颜色搭配会产生不稳定的感觉。

图4-45 BANNER宣传设计（2020年惠氏铂臻3天猫双11全球狂欢节）

紫色：一种神秘的色彩，象征皇权和灵性。在进行非传统、不平常性、难忘性、创造性设计时，紫色是一个很好的选择，甚至有些设计师会认为这是唯一的选择。如图4-46所示紫色背景带给了我们更多的探索心和对科技的好奇心。对大多数人来说，淡紫色经常被运用在浪漫的故事或是思乡、怀旧的场合里。当紫色中红色的成份较多时，则具有压抑、威胁的感觉。

在紫色中加入少量的黑色，其感觉就趋于沉闷、伤感、恐怖。

在紫色中加入白色，可使紫色沉闷的性格消失，变得优雅、娇气，并充满女性的魅力。

图4-46 无限（学生作品）

黄色：会给人冷漠、高傲、敏感、扩张和不安宁的感觉。黄色也是各种色彩中相对娇气的一种色彩。只要在纯黄色中混入少量的其他色，其色相感和色彩性格均会发生较大程度的变化。

在黄色中加入少量的蓝色，会使其转化为一种鲜嫩的绿色。其高傲的性格也会随之消失，趋于一种平和、潮润的感觉。

在黄色中加入少量的红色，则具有明显的橙色感觉，其性格也会从冷漠、高傲转化为一种有分寸感的热情、温暖。如

图 4-47 所示，在画面中添加橙色会使画面更有活力与动感。

在黄色中加入少量的黑色，其色彩感受和色彩性格变化最大，成为一种具有明显橄榄绿的复色印象。其色彩性格也变得成熟、随和。

在黄色中加入少量的白色，其色彩感受会变得柔和，其性格中的冷漠、高傲被淡化，趋于含蓄，易于接近。

图 4-47 天猫双 11 网页界面设计

橙色：暖色调，寓意热心、动态和豪华。如果你要表现艳丽并想引人注目，可以使用橙色。当作为一种突出色调时，它可能会刺激受众的情感，因此最好谨慎地使用橙色，把它放在外部突出的位置就可以了，如图 4-48 所示。这里要再次强调，应谨慎地使用橙色和蓝色进行同比例的对比搭配使用。

图 4-48 "爱心公益 无偿献血" 网站界面设计

米色：中性色，暗示着实用、保守和独立。它可能会让受众感到无聊和平淡，但是作为图形背景色来说是朴实的，正如褐色与绿色、蓝色和粉色一样。米色作为背景色是很棒的，它有助于最大限度地使受众读懂设计内容。如图 4-49 所示，红色与米色搭配，中间是宝宝在母亲怀中入睡，加上四周的木马、小熊、婴儿床等元素，满目温情，突出品牌主体性。

图 4-49 BANNER 宣传设计（2020 年好奇天猫双 11 全球狂欢节）

3. 利用色彩效果

色彩的兴奋与沉静：通过暖色系以明度高、彩度高或补色对比强烈的颜色给人兴奋的感受；相反，冷色以及明度低、彩度低等对比柔弱的色彩给人沉静的感受。在设计中，可运用使人兴奋的色彩来刺激观者的感官，使观者兴奋，高度注意设计，并产生兴趣，从而留下深刻印象，如图4-50所示。科技含量高的设计适合用具有沉静感的颜色，能体现出科学的严密性和可靠性，如图4-51所示。

色彩的华丽与朴实：色彩的华丽与朴实和色彩的三属性都有关联，明度高、彩度高的色彩显得鲜艳、华丽，如舞台布置、新鲜的水果等；彩度低、明度低的色彩显得朴实、稳重，如古代的寺庙、褪了色的衣物等。红橙色系有华丽感，如图4-52所示；蓝色系给人的感觉是文雅的、朴实的、沉着的，如图4-53所示。

图4-50 主页设计（学生作品）

图4-51 BANNER宣传设计（2020年华为天猫双11全球狂欢节）

图4-52 Budweiser Chinese New Year 2020—Budweiser Red 包装设计（2020年红点设计概念大奖作品）

图4-53 何干包装设计（2019年拉丁美洲设计奖专业组包装设计类入围作品）

4. 色彩与品牌效应

工业机电类品牌：这类品牌多讲求功能性、实用和效益。在色彩上多采用沉静、稳重、朴实的色调，如紫色和一些高级灰调，再加入一些充满活力的纯色，如红、蓝、黄、橙色等，给人以坚实、耐用和现代的感觉，如图4-54所示。

图4-54 德国库卡机器人品牌形象设计

食品类品牌：这类品牌多讲求营养、美味和安全。在色彩选用上多用暖色调，接近食品本身的固有色，使人联想到可口诱人的美味，通过这种色彩的联想刺激受众的食欲和购买欲，如图4-55所示。

图4-55 食品类品牌形象设计（学生作品）

化妆品类品牌：这类品牌讲求护肤美容，使人靓丽清新，安全可靠。在色彩上多选用中性色调和素雅色调，如粉红、淡绿、奶白等色彩，给人以健康、优雅、清香和温柔的感觉，如图 4-56 所示。

图 4-56 化妆品系列包装设计（2020 年 IF 设计奖获奖作品）

交通旅游类品牌：这类品牌虽然不是有形品牌，但也是一种产业，它讲求愉快、舒适、安全和方便。在色彩上多选用中性色彩，如蓝色、绿色等色调给人以安全、恬静的舒适感，偏暖色调则给人以温暖、愉快的感觉，如图 4-57 所示。

图 4-57 交通旅游类品牌形象设计（学生作品）

体育类品牌：这类品牌中有对产品进行宣传的，也有对活动进行宣传的，都讲求活力、舒适、品质和积极向上的力量。在色彩上多采用对比较强的纯色，如红、橙、黄、蓝、绿色等，也经常用一些灰调衬托主体形象，如图 4-58 所示。

图 4-58 体育类品牌形象设计（学生作品）

拓展训练

选择地方传统特色美食进行包装设计

主题：地方传统特色美食包装设计

尺寸：尺寸自选

分辨率：300 dpi

设计要求：

1. 合理选择包装材质。
2. 正确传达产品的信息。
3. 恰当运用色彩。
4. 合理布局设计元素。
5. 重视文字设计。
6. 兼顾包装的整体。
7. 盒型不少于 5 种。

单元五

构图——布局

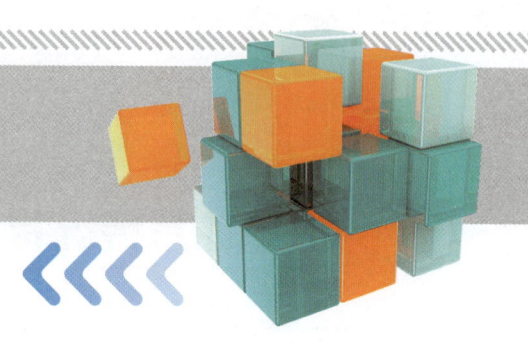

理论目标
了解版式设计的构图元素并合理布局。
掌握版式设计的构图及视觉流程的设计方法和技巧。

实践重点
掌握界面版式设计的要点并完成界面设计项目作业。

职业素养
通过对点、线、面等视觉要素在版式空间中的架构,掌握版式设计的基本构图方法,增强学生的设计创作能力。通过拓展训练中的教学任务,引导学生关注社会问题,帮助学生树立正确的人生观、价值观和职业观。

知识讲解

不同的构图方式会形成各式各样的版式效果，并带给人丰富多样的视觉效果和心理感受。设计者在版式设计中，应使画面具备条理性和设计感，并学会在版面中设计视觉流程，把握版式构图技巧，准确定位版式设计风格。

5.1 版式设计构图元素

版式设计是平面中的一种空间艺术。在这个空间中的内容和形式无论多么复杂，最终都可以简化成点、线、面的基础构成形式。设计者要理解它们不是几何意义上的点、线、面，而是各种视觉元素的简称。

5.1.1 版式设计中的"点"

版式设计中的点是相对于线和面而言的，不同的大小、位置、数量等都能形成不同的视觉效果。点具有凝聚和扩散的作用。凝聚感能够集中视线，突出画面主题，形成视觉设计的中心，起到引人注目的作用。扩散感利用点的组合向四周扩张，在视觉层次上有覆盖功能，增强画面的视觉冲击力，如图5-1、图5-2所示。

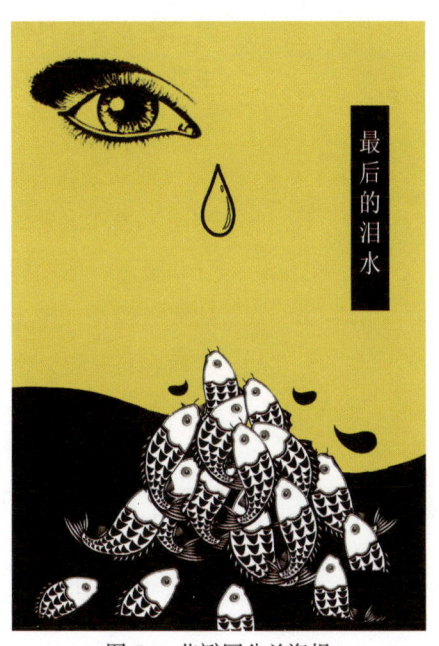

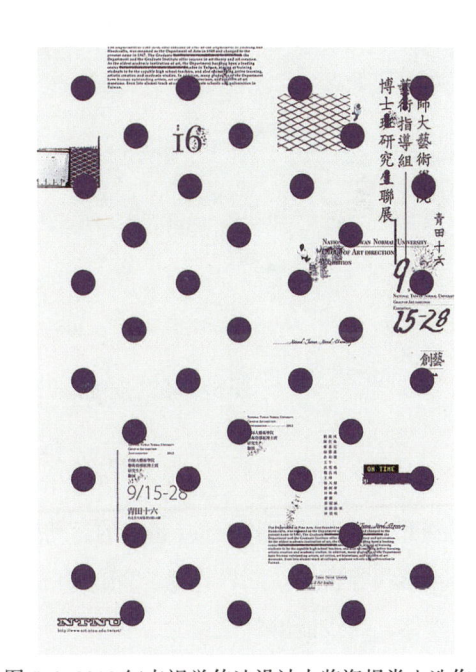

图5-1 花瓣网公益海报　　图5-2 2013红点视觉传达设计大奖海报类入选作品

点的大小变化：点的放大能够增强图像的形式感，起到突出强调的作用；点的缩小能够增强画面的空间感，起到点缀画面的作用。

点的位置变化：点在版面上可以独立出现，也可以与其他形态组合，起到点缀、平衡、填补视觉空间的作用。

点的排列形式：由于点的面积较小，常以组合形式出现，有左右式、右上式、左上式、上下式、右下式、左下式、边缘发散式、中心发散式和自由式等，如图5-3所示。

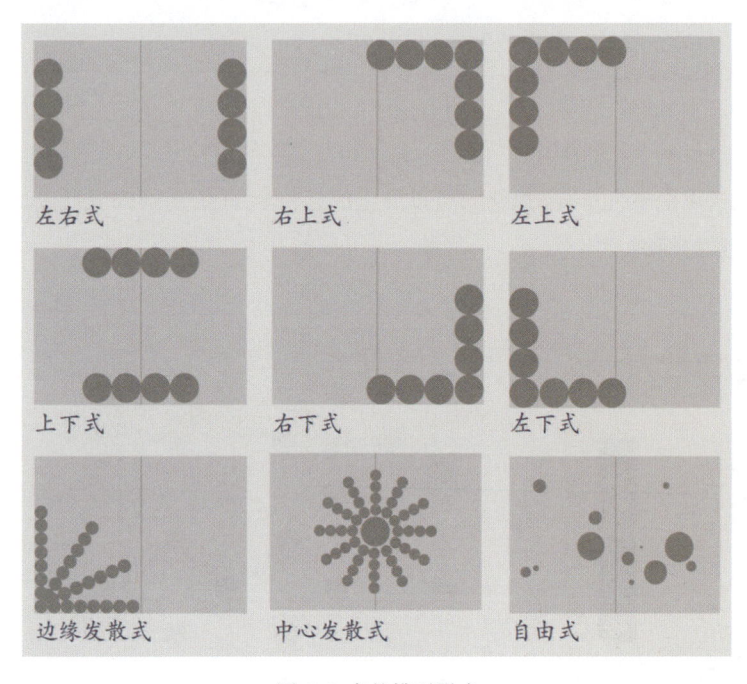

图5-3 点的排列形式

5.1.2 版式设计中的"线"

线是由无数个点构成的，是点的运动轨迹，具有长度、宽度、方向、形状等特点。同样作为空间的构成元素，点只能作为一个独立体，而线能够将这些独立体统一起来，将点的效果进行延伸，如图5-4所示。

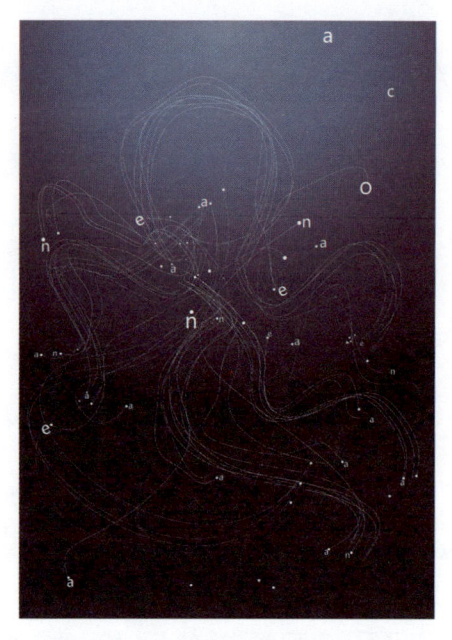

图5-4 线的空间力场（学生作品）

线的空间分割：线可以分割版面，通常版面中存在多种元素，需要根据具体内容来划分版面空间上的主次关系、呼应关系和形式关系，在分割时还要注意造型的统一，尽量把造型雷同的归为一类，并根据内容主次编排它们的位置。

线的空间力场：线的空间力场是一种感觉，是通过线构成的图形表现出来的气势和情感。通过线条对图片和文字进行划分和整理，而使版面中产生力场。当版面上出现表格时，表格的线条越细、越虚，力场越小；反之力场越大。力场不够时，版面容易显得杂乱；力场较强时，版面层次清楚，就不会出现喧宾夺主的感觉。

线的空间约束：当有需要强调的文字内容时，可以通过改变线的形态，把内容和页面中的其他部分区分开来，有效地吸引观者注意，增强画面视觉效果。线条细，视觉感受轻快、有弹性，但约束力较弱；线条粗，视觉感受强烈，能够形成重点，约束力较强，但过粗的线条也会显得呆板沉重。

5.1.3 版面设计中的"面"

面是线的延展,是点的放大、集中或重复,也是线重复密集移动的轨迹和线密集的形态。面在视觉感受上比线、点要强烈,更重要的是它有造型。由于面涵盖设计元素的造型,因而它的视觉语言和情感最丰富。同时,面在版面中具有平衡、协调、丰富空间层次、烘托及深化主题的作用,如图 5-5 所示。

版面中的面可以是一个文字、一个色块、一片留白、一张图片、一段文字。它是信息的载体,同时其造型可以强化信息的情感。面的形包括正形和负形,正形是在版面上能够被人感知的造型,反之就是负形。如一张白色纸张上的文字,文字就是正形,其余的造型是负形。正负形不是一定的,在特殊环境下会相互转化。

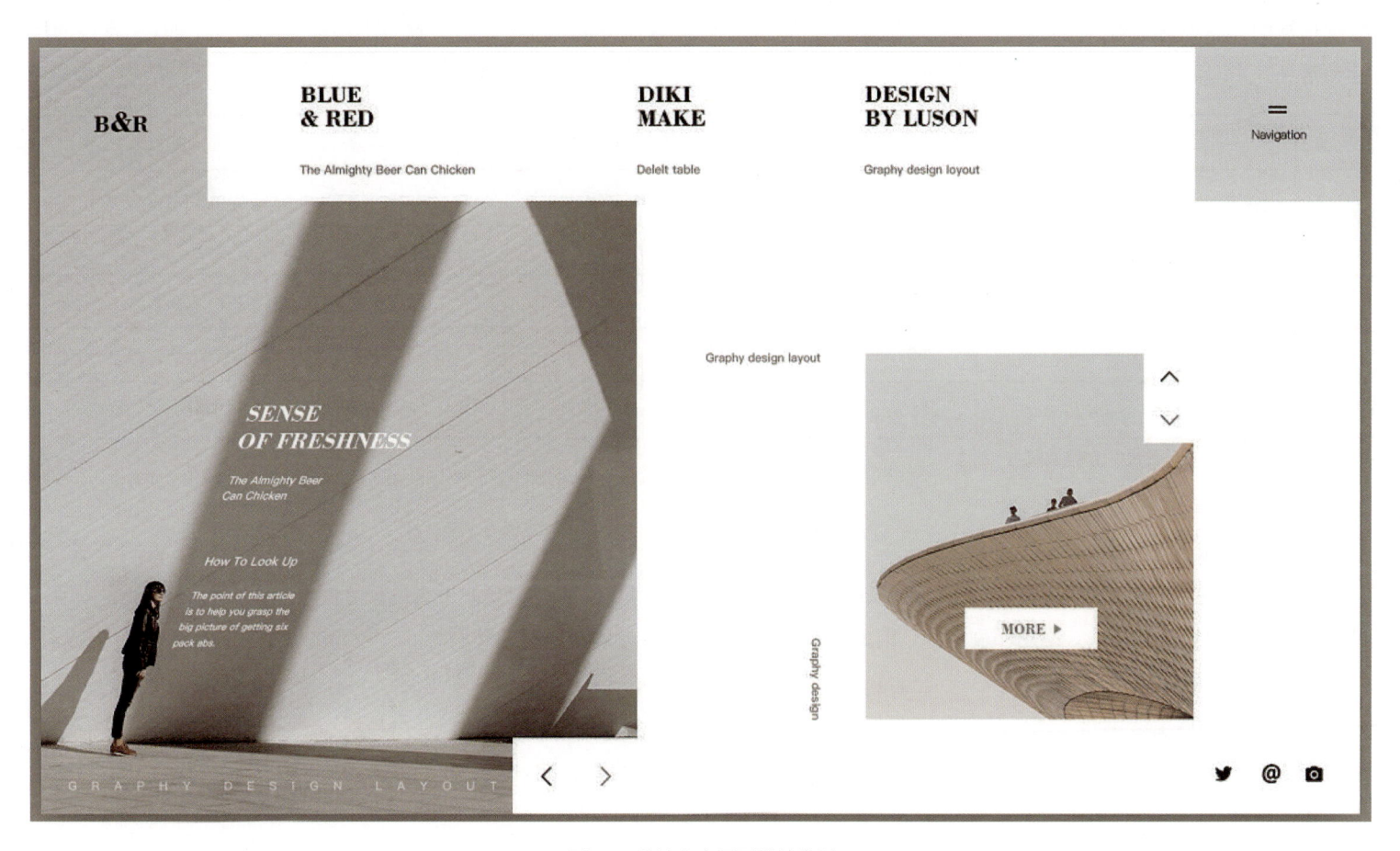

图 5-5 设计之家网页设计赏析

5.2 版式设计构成法则

5.2.1 选择开本

1. 根据媒体选择开本

印刷品的定位以及特征是决定开本类型的重要因素。例如：报纸包含了大量的文字和图片信息，因此要使用较大的开本；而小说以及一些生活类图书，考虑到方便随身携带和易于保存的因素，则通常使用较小的开本；考虑到大量书籍摆放在书架上的形态，特殊规格的开本更容易引人注意；系列书则要使用同一大小的开本，以保持系列感。如图5-6、图5-7所示是平面设计中常用的尺寸和常见开本对照表。

开本	书籍	普通宣传册	海报招贴	文件封套	信纸便条	名片	手提袋
大度	210 mm×148 mm	210 mm×285 mm	540 mm×380 mm	220 mm×350 mm	210 mm×285 mm	90 mm×55 mm	400 mm×285 mm×80 mm

图5-6 常用的尺寸

开本	16开	8开	4开	2开	全开
大度	210 mm×285 mm	285 mm×420 mm	420 mm×570 mm	570 mm×840 mm	889 mm×1 194 mm
正度	185 mm×260 mm	260 mm×370 mm	370 mm×540 mm	540 mm×740 mm	787 mm×1 092 mm

注：成品尺寸 = 纸张尺寸 – 修边尺寸

图5-7 常见开本对照表

2. 根据纸张选择开本

除了媒体是开本的决定因素之外，所选纸张的原大小也影响着开本尺寸的设定。如果在设计之前没有认真计算纸张的使用，就极有可能造成纸张的浪费，增加印刷成本。因此，选择纸张时不仅要考虑其质感和印刷特性，还要考虑纸张的原大小。

3. 根据页边空白选择开本

需要装订的画册、书籍等印刷品，装订方式的不同，翻阅的方便程度也会有所不同。如果从页面中间装订，则需要缩小页面另外三边空白的大小，以使册子容易打开。此外，从中间装订，页数会增加，并且由于裁纸方式的不同，内侧的折页尺寸会比外侧的折页尺寸小。因此，可以根据每一折页的顺序依次调整1 mm的页面宽度。

综上所述，设计者需要在考虑开本大小的同时来决定页边的空白和页面的排版安排。另外，在编排页面的时候，设计者也需要考虑印刷操作中容易出现的问题。

5.2.2 版面率的调整

1. 通过扩大版面空白降低版面率

页面四周的留白面积越大，版面就越小，版面率就越低，也意味着页面中的信息量越少。低版面率通常给人高级、典雅的印象，如图5-8所示。

图5-8 版式设计（学生作业）

2. 通过缩小版面空白增大版面率

页面四周的留白面积越小，版面就越大，版面率就越高，也意味着页面中的信息量越大。高版面率通常给人饱满、有活力的感受，如图5-9所示。

图5-9 版式设计（学生作业）

3. 通过调整图像的面积控制图版率

图版率是指版面设计中图片面积占总面积的比例。图片越多,其图版率就越高,反之图版率越低。图版率不能仅根据图片的数量来判断。如果只有一张图片,但放得很大,那么版面的图版率仍然很高,如图5-10所示。

图 5-10 版式设计(学生作业)

4. 通过改变底纹的颜色调整图版率

在处理低图版率的版式设计时,如果没有更多的图片资源,或者无法将现有的图片进行放大处理,则可以通过改变页面的底色来提高图版率,这是一个快速有效的方法。当然,这种方法只是令观者在视觉上觉得内容更加饱满、丰富,但并没有增加实际可阅读的内容,如图5-11所示。

图 5-11 版式设计(学生作业)

5.2.3 版式的构图

设计者在进行版式设计时,应当让版面具备清晰的条理性和艺术感染力,以便观者能够正确地理解版面信息。要实现这些目标,设计者必须把握好版式设计的构图技巧,准确定位版式主题风格。

不同的版式构图具有不同的性格,能表达不同的感情倾向。版式的构图手法多样,归纳起来主要有以下几种类型。

1. 按版面率的高低分类

通过调节版面率来体现不同的气质是进行版式构图的一种思维方式,满版型构图和留白型构图就是这种思维方式下产生的构图形式。

(1) 满版型构图

满版型构图的重点在于图片所传达的信息,将图片铺满整个版面,视觉冲击力很强,非常直观。根据版面需求编排文字,整体感觉大方直白、层次分明,如图 5-12 所示。

摄影师在拍摄照片或艺术家在绘制画面时都非常看重构图,因此,在选择版式中使用的图形时,通常会把构图作为重要的考虑因素。当有些图形的构图不尽如人意时,可通过简单地裁切、褪底或合成来突出图形的信息主体,如图 5-13 所示。

(2) 留白型构图

留白型构图能够有效地营造出版式留白区域设置的空间感。版面率与图版率低的版式,会给人冷静、闲情、空旷的感觉。留白型构图的作用主要有以下几点:

①给版式留出阅读的喘息空间;
②使图形和大段的文字分离,有助于版式层次感的形成;
③暗示被留白区域包围的元素的重要性;
④大面积留白设计的版式能够传达奢华感和空间感,提升版式的品位。

版式中的留白区域、负空间和设计元素是同等重要的,它们都可以让观者的视线停留,整理和联系所看到的视觉元素,体会版式主题内容的传达,如图 5-14 所示。

图 5-12 杂志封面设计   图 5-13 杂志封面设计

图 5-14 版式设计(学生作业)

2. 按版式元素的布局分类

对于具有明显且较为规整的图文分割区域的版式，可按照版式元素的布局位置分为上下型构图、左右型构图、对角线构图、四角形构图四种类型。

（1）上下型构图

整个版式分成上、下两部分，分别编排图形和文字。上、下两部分内容会形成清晰的对比效果：图形部分感性而有活力，文字部分则理性而平静，如图 5-15 所示。

（2）左右型构图

整个版面分成左、右两部分，分别编排图形和文字。由于人们具有左右对称的视觉平衡习惯，因此这种构图版式中的左、右两部分容易形成强弱对比。在编排过程中，可以将左右线隐形虚化，或者将文字左右适度错位穿插，会起到较好的平衡效果，版式也显得和谐，如图 5-16 所示。

图 5-15 NO PULLUTION（学生作业） 图 5-16 花瓣网海报设计赏析

（3）对角线构图

对角线构图就是在版面对角线的两端放置同样大小的图形，彼此呼应，使版式产生沉稳安定的感觉，有效地将观者的视线集中于版面的中央，以便仔细地阅读文字，如图 5-17 所示。

（4）四角形构图

四角形构图就是在整个版面的四角及连接四角的对角线上进行图形编排，这种结构的版式给人以严谨、规范的感觉，如图 5-18、图 5-19 所示。

图 5-17 希望、未来（学生作业） 　　　图 5-18 音乐节海报设计赏析 　　　图 5-19 花瓣网海报设计赏析

3. 按版式元素的组合形态分类

通过版式元素的组合形态巧妙地设计构图，可以丰富版式的视觉效果。常见的构图形式有曲线型构图、倾斜型构图及三角形构图。

（1）曲线型构图

曲线型构图是通过将图形、文字等编排成曲线的方式对版式进行分割，形成流动、轻盈甚至有节奏和韵律的视觉效果。另外，如果将图形与文字进行曲线呼应编排，能够起到强调图形轮廓、加强动感走势的效果。运用曲线型构图时，一定要注意曲线的细节设计，避免形成呆板、不自然的弧度，如图 5-20、图 5-21 所示。

（2）倾斜型构图

倾斜型构图是通过将版式主体形象或多幅图片做倾斜编排，造成版式强烈的动感和不稳定感，从而起到引人注目的视觉效果。倾斜感和不稳定感产生的强度与主体图形对象的透视角度及版式的重心设计密切相关，如图 5-22 所示。

图 5-20 《道士下山》海报设计赏析 　　图 5-21 Xavier Esclusa Trias 海报设计赏析

图 5-22 耐克广告设计赏析

（3）三角形构图

在图文形象中，正三角形（金字塔形）是最具安全稳定因素的形态。采用三角形构图的具体方法就是将主要视觉元素呈三角形排列。三角形构图可以通过方向上的改变来加强版式气质的多变性，比如侧三角形构图会使版式显得既安定又有动感；倒三角形构图会产生活泼多变的效果，非常适合放置多张图形的版式，具体方法就是在版面上半部放置大型图形以及表现力较强的图形，强化其比重之后，在版面下半部朝着装订边方向逐渐减少图形数量，呈现出倒三角形的构图形式，如图 5-23 所示。

4. 按版式编排的规律性分类

版式设计是理性与艺术的结合过程，因此很多版式都可以找出其编排的规律性。从版式编排的规律性来分析，主要有骨骼型构图、并置型构图和自由型构图三种类型。

（1）骨骼型构图

骨骼型构图是指版式元素按照规范、理性的骨骼线进行编排布局，并能直观清晰地反映出版式编排规律的构图方式，较多用于杂志、报纸、样本等的版式设计中。常见的骨骼型构图有竖向通栏、双栏、三栏和四栏等，一般以竖向分栏为多。图形和文字的编排严格按照骨骼线编排，给人严谨、有秩序和理性的感觉。骨骼型构图经过混合后的编排，显得既有条理，又活泼有弹性，如图 5-24 所示。

图 5-23 花瓣网海报设计赏析

图 5-24 杂志内页设计赏析

（2）并置型构图

并置型构图是将相同或不同的图片做大小相同而位置不同的重复排列。并置型构图的版式有比较、说解的风格，能够给予原本复杂喧嚣的版式以次序、安静、调和与节奏感，如图5-25所示。

（3）自由型构图

自由型构图在版式设计时强调感受性原则，较注重自由、随机和偶然性的空间运动感。这种设计貌似随性而为，其实在内涵上蕴含着设计者独具匠心的创意追求。例如：将图与图、图与文进行自由的散点构成，形成一种随意的视觉效果，如图5-26所示。

图5-25 新锐海报设计赏析

图5-26 Diego L.Rodri.guez 海报设计赏析

5.2.4 版式构图的原则

版式构图的手法是多元化的，具有突破性的编排表现固然值得提倡，但大多数的版式作品是为商业宣传服务的，过分强调个性的构图设计可能会存在风险。因此，在构图时，应尊重受众的视觉习惯及心理接受能力，遵循如下原则。

1. 主次分明

构图的主要目的是通过版式元素的布局编排来设计视觉流程，因此，必须体现主次关系。编排和处理各种素材的主次关系，体现着设计师的基本原则倾向。主次含混，就会模糊甚至歪曲版面所传递的信息内容；主次分明，有利于版面信息的有效传递。因此，基本素材的角色轻重在版式构图中的执行结果就是主次关系的体现。

2. 相互呼应

构图时，应当利用共性设计使版式中信息层次相当的元素相互呼应，以便更好地引导视线在版式空间各区域有效地穿插联系。相互呼应可以使得具有同等属性的视觉元素能够被观者自觉地联系到一起，并进行跳跃式阅读，视觉流程也就自然形成了。具体可以通过版式元素在形态、大小、位置甚至色彩上的呼应来实现。

3. 协调平衡

协调平衡是构图的整体印象，并不是指版式元素的编排一定要对称均衡。简单地说，就是要有章法地进行构图，让人感觉舒服。例如：如果版式中使用的图形素材风格不一，可以用相同形状衬体来处理不同轮廓的图形，或用同一种色调来处理不同颜色的图片等，这些都是协调平衡版式构图的方法，如图5-27所示。

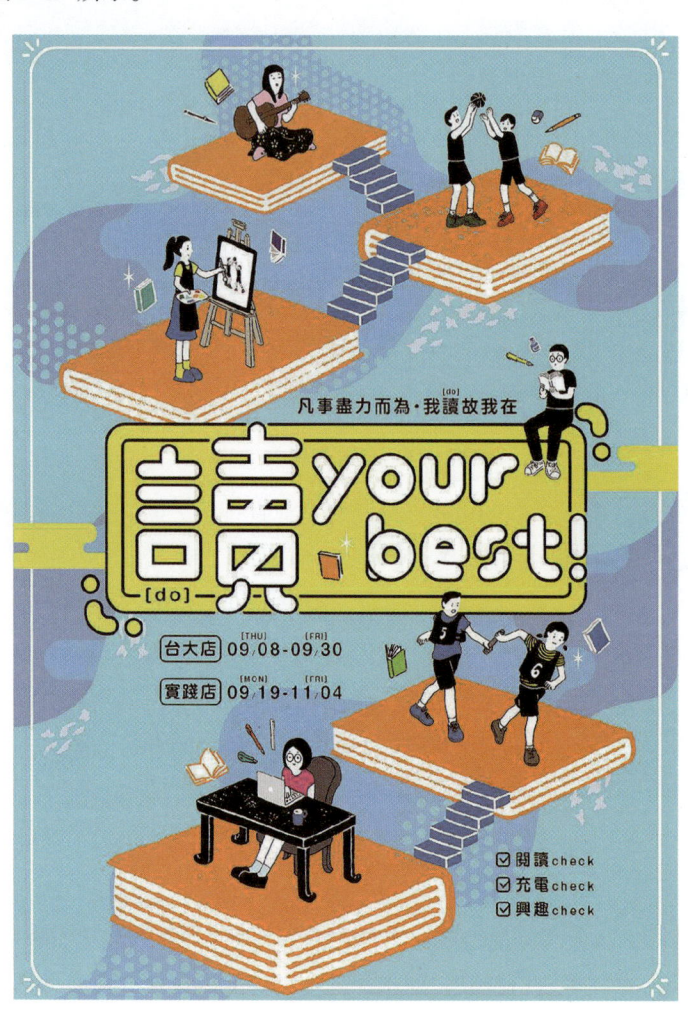

图5-27 诚品书店海报设计赏析

5.2.5 构图样式的选择与调整

1. 根据媒体选择合理的构图样式

在进行版式设计时，首先要明确设计的主要内容，再根据主要内容来确定版面风格和结构安排，不同内容的版式设计有着很大的区别。

2. 利用辅助线进行排版

用水平、垂直的边线对版面中的元素进行处理，能够使观者感受到这些元素之间的联系，使版面整体产生秩序感。

3. 统一构图元素间的间隔

版面中元素之间的间隔类型不能太多，通过进行适当的统一能够得到井然有序的版面效果。

5.2.6 版面的调整

1. 调整图片的视觉重心

图片的对齐方式会影响整个版式的效果，并决定了其他元素的位置。对齐后的图片，因为所处版面的位置不同，所以形成的风格效果也不相同。

2. 善于运用图片对称的编排方式

将尺寸和形态相同的图片放置在页面的左右或上下，形成视觉上的对称、呼应效果。这样的编排方式比较有个性，但局限性较大。

5.3 版式设计与网格

5.3.1 网格的概念

网格是版式设计中非常重要的一种方法，其特点是运用数字的比例关系，通过严格的计算，把版心划分为无数统一尺寸的网格。网格能够帮助设计师有效地构建设计方案，划分元素并分布区块，从而更好地掌握版面的比例和空间感。

网格又叫栅格，是安排均匀的水平线和垂直线的网状物，产生于20世纪初的西欧等国，完善于20世纪50年代的瑞士。网格系统在一定程度上可以保持版面的均衡感，使图片与文字有一个排列的规则和系统，避免版面的混乱，网格对版面具有规划作用。

5.3.2 网格系统的分类

1. 对称式网格

对称式网格类似于镜面效果，主要作用是平衡、协调版面。对称式网格分为对称式栏状网格和对称式单元格网格。

（1）对称式栏状网格

①单栏对称式网格

单栏对称式网格的版面一般用于大型图片的置入，或将文字通栏排列。这种编排方式整齐大气，联系紧密，通常图版率较高，但也相对单调，长期阅读会导致视觉疲劳。因此，单栏对称式网格的中文长度一般不超过60字。单栏对称式网格一般用于文字性书籍，如小说、文学著作等，如图5-28所示。

②双栏对称式网格

双栏对称式网格可以是左右对称，也可以是上下对称。较单栏对称式网格更丰富，双栏能将视线自然分开，避免阅读长距离的文字而产生枯燥感，同时双栏可以更好地平衡页面，使阅读更流畅，但这样的版式也相对缺乏变化。双栏对称式网格在当下图文结合的书籍中运用十分广泛，如时尚杂志、艺术类参考书内页正文等。双栏对称式网格是能够较好地传递图文信息的分栏方式，如图5-29所示。

③三栏对称式网格

三栏对称式网格将版面分为三栏，这种网格结构适合文字信息相对较多的版面，可避免每行字数过多造成的视觉疲劳感。三栏对称式网格打破了单栏的严肃感，对比双栏设计，有更强的形式感，如图5-30所示。

④多栏对称式网格

多栏对称式网格根据版面的需要可以分为四栏或五栏，甚至是更多栏。多栏对称式网格适用于数据、目录、术语表等信息文字较多的版面。采用多栏对称式网格，可以使版面具有活跃性，并能够使图文的编排方式更加多元化，如图5-31所示。

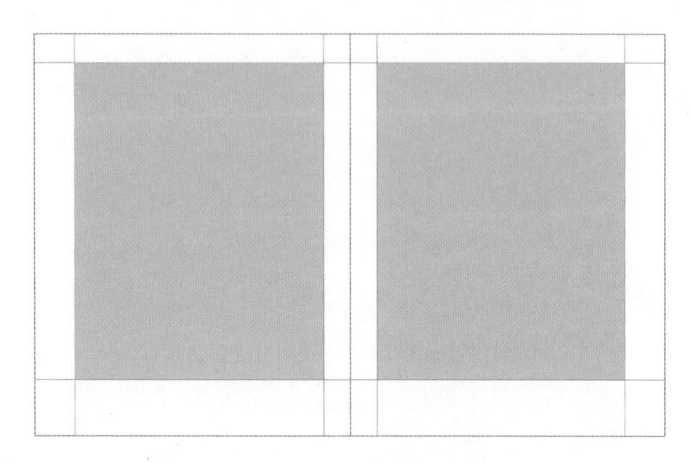

图 5-28 单栏对称式网格

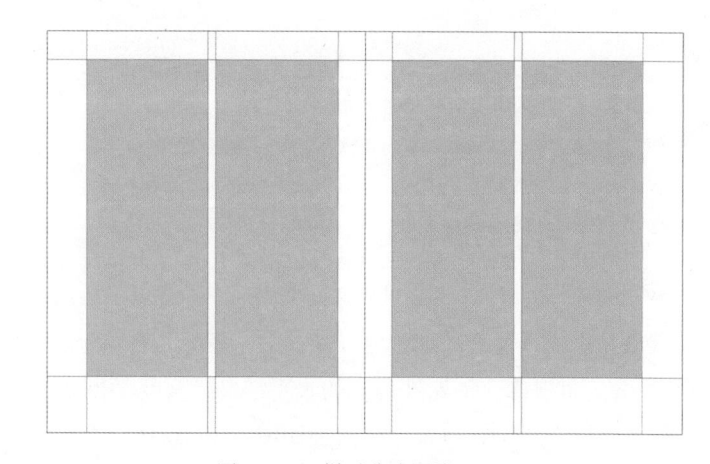

图 5-29 双栏对称式网格

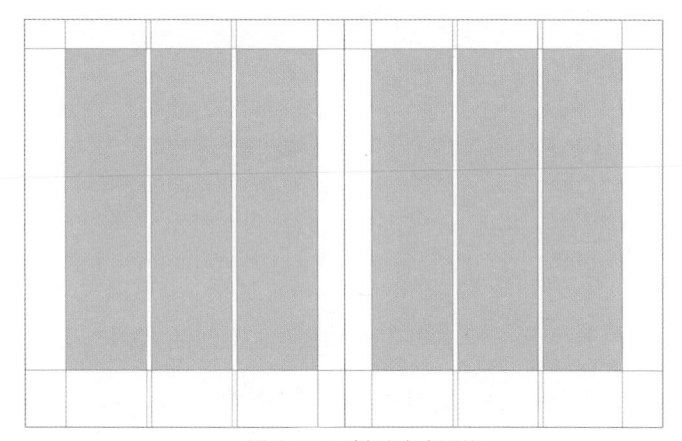

图 5-30 三栏对称式网格

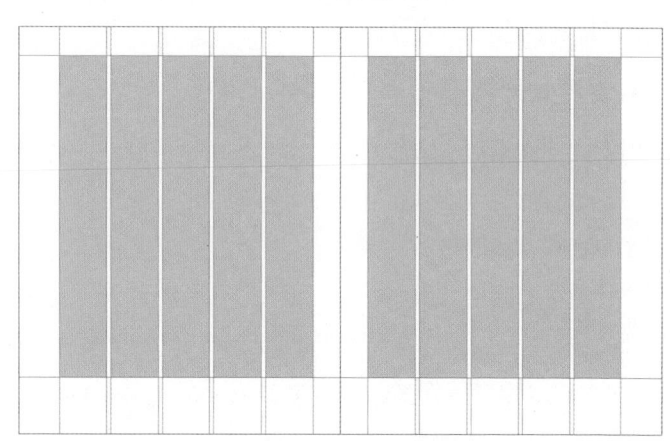

图 5-31 多栏对称式网格

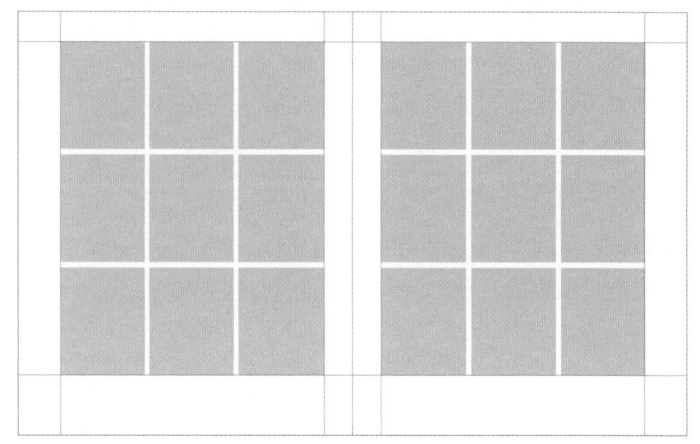

（2）对称式单元格网格

对称式单元格网格是将版面分成同等大小的单元格，再根据版式的需要编排文字和图片。当版面中出现的元素较多时，容易导致内容的混乱，运用对称式单元格网格可以组织版面信息，使得内容清晰、有条理，版面更具有整体感。如图 5-32 所示。

图 5-32 对称式单元格网格

2. 非对称网格

非对称网格结构是指根据设计诉求调整网格栏的大小比例，由于其栏目数量和置入元素不尽相同，整体版面比对称式网格更灵活生动。非对称网格主要分为非对称栏状网格与非对称单元格网格两种。

（1）非对称栏状网格

非对称栏状网格又可以分为两种：一种是左右版面的网格栏数基本相同，但是两个页面的图、文编排位置不对称；另一种是左右版面的网格栏数不相同，如图5-33所示。

（2）非对称单元格网格

非对称单元格网格是指版面中划分的单元格各不相同，根据版面的需要把文字与图形任意编排在单元格中。非对称单元网格版式形式多样、错落有致、层次清晰，如图5-34所示。

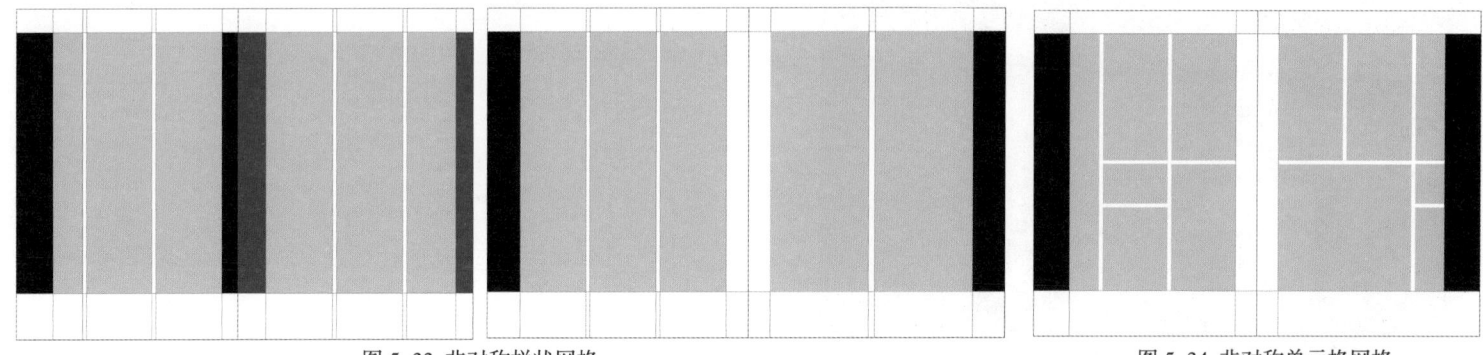

图5-33 非对称栏状网格

图5-34 非对称单元格网格

3. 基线网格

基线网格是构建版式设计的基础，它为设计提供了视觉参考，能使版面中的所有元素按照要求实现标准对齐，能够辅助设计师制作出非常规范化的版面。如图5-35所示，基线网格中的蓝色水平线为基线，蓝色垂直线为分栏，基线网格的大小、宽度与文字的字号有很大的关系，基线网格增大或缩小，字体和行距则相应地增大或缩小，以满足不同字体的编排需求。

图5-35 基线网格

4. 成角网格

成角网格是指在版面中将图片设置成随意角度。这种网格形式能够给设计师很大的创意发挥空间。需要注意的是，在设计成角网格时，要考虑视觉流程及版面的阅读特征。一般情况下，出于对页面构图、连贯性等方面的考虑，成角网格通常只用一个或两个角度，使版面结构与阅读习惯在最大限度上达成统一。网格与基线一般呈 45°，建议文字向上倾斜，这样的版面编排方式可以使页面内容清晰，具有导视方向性，如图 5-36 所示。

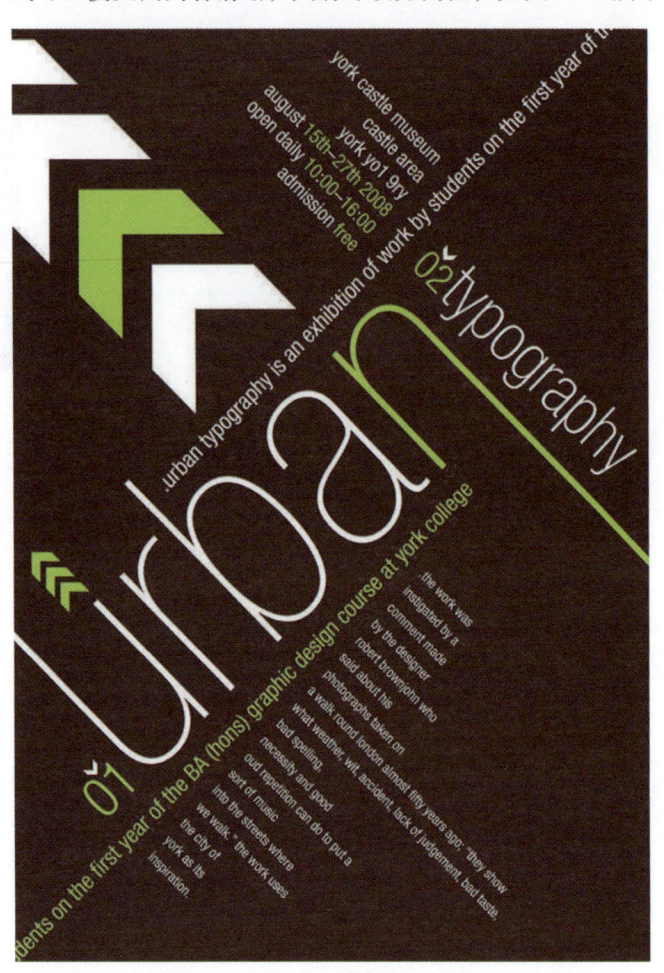

图 5-36 花瓣网文字海报设计赏析

5.3.3 网格系统的建立方法

版式设计中，网格设计的概念类似于平面构成中的骨骼。横梁结构、网格设计都是看不见的基础结构，但内在却有着理性严谨的规律。网格设计能够让版式在比例感、秩序感、系列感、现代感等方面有较强的显示效果。

1. 确定版心

首先，根据设计内容的性质确定版面开本；其次，根据版面风格设定确定版面率；最后，确定页面版心。

2. 分栏设计

了解排版的内容，确定版心的大小、文本的数量、图片的分辨率和数量、版面的数量后，就可以开始分栏。竖栏形成的网格直接引导图文排放的位置。

分栏包括确定分栏的栏数（竖栏列数）和分隔栏的高度。

（1）竖栏设计

纵向栏目的栏数直接影响版面的设计风格和感觉，一般网页、样本、杂志等版面竖栏不宜过宽，可以将竖栏分为 2~4 栏，行距一倍于字距，便于阅读。

（2）栏高设计

首先，根据文字体量估算出分隔栏高度，将文字套入版心；然后，通过调整字体大小和行间距使文字和网格匹配；最终，确定分隔栏高度。通常情况下，系列性较强的版式设计竖栏变化不大，主要依靠调节竖栏高度打破固有格局，在统一中求变化，如图 5-37 所示。

3. 内容置入

纵横分栏确定后，整体版面有很多格块。遵循网格的基本布局，将文字、图片等页面元素置入版心。通过调整字体的大

图 5-37 杂志内页设计（学生作业）

小和行间距使文本与网格匹配。就现有网格自由地选择使用方式，可以将每一个网格都加以利用，也可以只利用部分网格，或者将某几个网格合并运用。在每个网格中，既可以全部占满，也可以部分利用，如图 5-38 所示。

图 5-38 站酷杂志设计赏析

（1）标题

在系列版式设计中，标题应根据层级关系进行阶梯化预设，并在多页面上形成统一。通常情况下，标题和竖栏骨架关系的原则是以稳定平衡为主，如一般标题会和竖栏骨架对齐，或在竖栏区域内居中等。

（2）照片和图形

照片和图形可以根据网格进行规整排放，也可以合并几个单元网格或越格穿插使版式产生变化。

（3）其他

版面中一些看似琐碎的元素实际上能起到意想不到的作用，如页码、图片脚注等。页码作为平面构成中的点元素不仅起到导视作用，还可以结合图形、线条或其他单独的字句，如书名、章节名称等一起设计，起到装饰页面的作用。

（4）脱格完成

将网格使用完之后，应删除网格辅助线。版式最终呈现出相互联系、井然有序的视觉效果。

5.3.4 网格系统的设计技巧

1. 网页版式网格

网页版式一般由首页和内页组成，网格感强，设计重点略有不同。

首页概括性高，突出表现视觉张力，清晰陈列各分页版面栏目；内页则以具体说明展示信息为主，通常情况下会在固定的版心宽度下进行分栏设计，通过图文的位置调换、组合及色彩的局部改变来实现细节变化，如图 5-39 所示。

图 5-39 设计之家网页设计欣赏

2. 样本版式网格

样本具有页面多、信息量大的特点，设计时需要对网格系统做适当变化，以提高观者的阅读兴趣，通常有如下设计技巧：

①对个别页面图片进行跨栏跨页拉伸、溢出等特殊处理；

②在竖栏变化条件有限的情况下变换栏高；

③将某个图形在不同页面中穿插以求得变化，如图5-40所示。

图 5-40 Resources 杂志版式设计

3. 系列广告版式网格

系列广告招贴、海报、包装等的版式设计不同于报纸、杂志的，网格系统大多没有明显的网格形式，版面的编排元素一般通过相对固定的编排位置和比例关系等来体现作品的系列感，如图5-41所示。

图 5-41 联合利华"U"系列广告设计

项目实战

界面版式设计

1. 界面设计要点

界面设计要点

易用性：按钮名称应该易懂，用词准确，摒弃模棱两可的字眼，要易于与同一界面上的其他按钮区分，最好能望文知意。理想的情况是用户不用查阅帮助就能知道该界面的功能并进行相关的正确操作。

规范性：通常界面设计都按 Windows 界面的规范来设计，即包含菜单列表、工具栏、工具箱、状态栏、滚动条、右键快捷菜单的标准格式。可以说，界面遵循规范化的程度越高，则易用性就越好。

合理性：屏幕对角线相交的位置是用户直视的地方，而正上方四分之一处是最吸引用户注意力的位置，在放置窗体时要注意利用这两个位置。

美观与协调性：界面的大小应该符合美学观点，能在有效的范围内吸引用户的注意力。长宽接近黄金分割比例，切忌长宽比例失调或宽度超过长度。布局要合理，不宜过于密集，也不能过于空旷，要合理地利用空间。

菜单位置：菜单是界面上最重要的元素，菜单位置按照按钮功能来组织。菜单通常采用"常用－主要－次要－工具－帮助"的位置排列，符合流行的 Windows 风格。

独特性：如果一味地遵循业界的界面标准，则会丧失自己的个性。在框架符合以上规范的情况下，设计具有自己独特风格的界面尤为重要，尤其在商业软件流通中有着很好的潜移默化的广告效用。安装界面上，应有单位介绍或产品介绍，并有自己的图标；主界面上，最好要有公司图标。

2. 界面设计鉴赏

如图 5-42 所示，3 幅作品都是手机 APP 点餐界面设计，整体配色方案非常符合餐饮企业性质，同时界面层次划分明确，简洁规范，画面素材绘制精致，字体设计别出心裁，搭配柔和的背景色调，使整个界面设计极具视觉魅力和艺术美感。

图 5-42 设计之家网点餐界面设计

3. 界面设计案例分析

如图 5-43 所示，为哈雷餐吧手机 APP 点餐界面设计，沿用了哈雷餐吧整体的设计色彩深蓝和金色，深蓝代表了沉稳、大气，表现力强；金色代表了高端、华丽，同样具有很强的表现力。同时，界面设计对 APP 的功能做了系统性的分类，力求功能与美观并存。

图 5-43 哈雷餐吧手机 APP 点餐界面设计

实践技巧

技巧1　方格坐标制图

方格坐标制图

制图标准能确保标识在不同应用范围中的准确性和一贯性。有了标准制图，在制作和施工时，尽管对象、材料、时间、空间、人手不同，但也能准确无误地制作出标准字来，达到统一性、标准化的识别目的。

基本要求：必须按照规范化的制图方法正确标示该标识的作图方法和详细尺寸，并制作出大小规格不同的样本将标识图形、线条规定成标准的尺度，便于正确复制和再现，如图5-44所示。

设计思路：使用【图纸工具】画出方形格子，再将标准字配置其中，注明宽度、高度、角、圆心等关系与位置。

绘制过程：绘制图纸网格→对齐图纸网格→标出单元格→标出数值→标出弧度值。

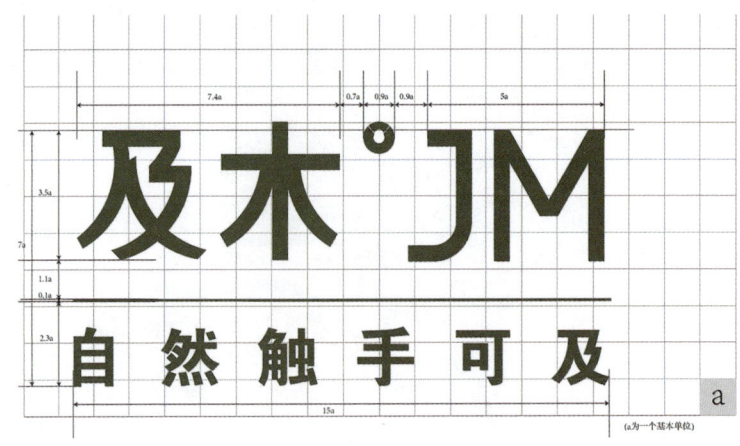

图5-44　站酷网方格坐标制图

技巧 2　版面的条理性

在版式设计中，建立"条理"的思想很重要，作为设计师，必须将各种文字、图片、色彩以及其他纷杂的信息有序地排列在规定的设计空间位置内，通过合理的空间视觉元素来最大限度地发挥表现力，增强版面的主题表达，并在最短的时间内把信息准确地传达出去，最终使版面灵活丰富、优雅内敛、低调沉稳，如图 5-45 所示。

图 5-45 站酷网画册设计赏析

版面条理性的建立需注意以下几个方面：

（1）排列与对齐

在整个版式的设计中，要考虑每个小版块的对齐。无序的排列方式会让整个页面缺乏可读性，没有视觉重点及顺序，画面各元素间没有联系，毫无秩序感。通过排列与对齐将元素统一摆放后，消除了多余的干扰，使画面变得整洁、简单，看起来更加有条理性。

（2）重心与平衡

构成版面的要素都是有"分量"的，根据每个要素的分量进行设计，确定版面的重心和平衡。把要素编排到版面里，需要注意整体的"平衡"，文字、图片、插图等所有设计元素，都可以将其量化为相对应的"分量"。

（3）线的灵活运用

线是版式设计中经常用到的设计元素，可以用来区分版面中的要素，也能使相同类型的元素有关联，并引导人们的视线流向。在版面中合理地运用线，对线进行长短、直曲、颜色的区分，能够使版面产生生动的变化，起到使版面条理分明的作用。

（4）网格的灵活运用

网格是提升页面条理性的设计方法，灵活使用网格可以使设计更加有趣和有序。网格对于任何版面而言都是骨架，这个骨架不仅不会影响版面的外观效果，还能够辅助设计师更好地表达作品的内涵和思想。

（5）视觉流程的移动

视觉流程是视线在版面上按照诉求一步一步向下阅读时，视线游走的过程。视觉流程可以为版面建立脉络，使整个版面的运动趋势具有设计的动感和节奏感。

3. 版面的趣味性

时代的进步使得人们对于精神层面的追求越来越高，人们对于美的追求也随之提升，传统的、过于程序化的版面设计较难与人们日渐上升的精神追求相契合。版式设计中的趣味性，可以理解为通过富有现代感的设计语言与无条件限制的排版形式的融合产物所传递的传统文化与时代的碰撞感。

首先，借助文字夸张的图形化处理来表达版面的趣味性。在版式设计过程中，我们通常通过文字阅读来领略作品的设计思想，而隐藏在文字内涵下的艺术性和趣味性很容易被忽视。

其次，变形的图像增强了版式设计作品所传递的趣味性。区别于传统古典版式设计以及网格版式设计的核心理念，在自由版式设计中，任何一类元素均被重新定义，对于作品中的图像元素而言，就被认定为是提高设计作品可读性以及趣味性的有效方式之一。同时，图形的变形与重构可以更进一步美化、修饰已有版式设计作品。

再次，借助版式设计作品中色彩在变换过程中体现的节奏感引起欣赏者在作品趣味性上的认同。色彩作为自由版式作品中的又一重要元素，其在传递信息的功能性上带有奇妙且感性的意义。不同色彩的颜色能给人带来不同的心理感受，如图5-46所示。因此，在自由版式设计中，对于色彩之间的有效变换，可以在引起欣赏者与作品之间的情感共鸣方面产生事半功倍的效果。

图5-46 GRAN STEAD原浆饮料系列创意广告设计

4. 印刷与个性化设计

平面设计的最终目的是作品的实现，在商业化的今天，作品的实现只依靠书写或手绘已经不可能，大多数作品的实现要依靠印刷技术。

印刷技术随着时代的进步而不断发展，富有个性化设计的印刷品层出不穷。在印刷过程中，图像或文字可以按预先设定好的内容及格式不断变化，从而使从第一张到最后一张印刷品都具有不同的图像或文字，每张印刷品都可以针对其特定的发放对象而设计并印刷。

名片印刷与个性化设计

实例演示：名片印刷与个性化设计

名片印刷工艺：打孔名片

在名片上打圆孔或特殊造型孔能生成趣味性的名片效果，同时也存在方形孔或异形孔，孔的设计满足了视觉的层次感、特别感，如图 5-47 所示。

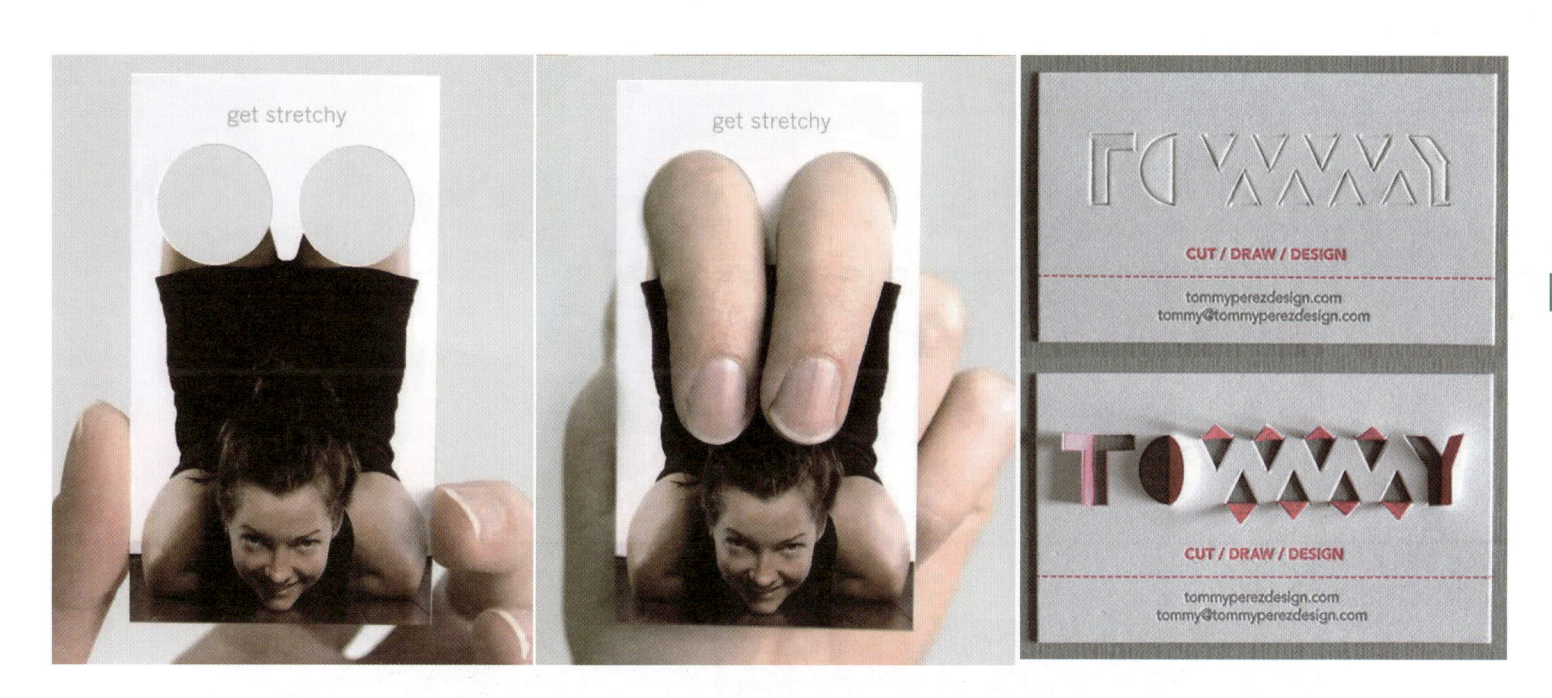

图 5-47 花瓣网名片设计

名片印刷工艺：烫金烫银

局部 Logo 烫金、烫银闪烁着耀眼的贵族气息，烫彩金在各行业中的应用非常广泛。局部烫彩金在名片中的恰当应用能起到画龙点睛的作用，特别适合服装、珠宝、化妆品行业，如图 5-48 所示。

图 5-48 站酷网东海资本名片设计

名片印刷工艺：图形击凸

图形击凸能够产生视觉精致感觉，尤其针对简单的图形和文字轮廓，采用击凸工艺绝对是明智的做法。过去我们将这一工艺用在高档书或包装上，现在我们将这一传统工艺用在名片制作上，产生了耳目一新的感觉，如图 5-49 所示。

图 5-49 站酷网 PARONE 星月名片设计

名片印刷工艺：局部 UV 工艺

全新局部 UV 上光工艺加工服务，即局部 UV 上光，会令高档名片与众不同。名片采用具有较高亮度、透明度和耐磨性的 UV 光油，对印刷图文进行选择性上光，如图 5-50 所示。

图 5-50 站酷网 UV（水晶）工艺名片设计赏析

拓展训练

任务1　设计公益招贴

主题：公益类招贴设计

尺寸：成品 540 mm × 380 mm

分辨率：300 dpi

设计要求：

1. 公益类招贴设计要主题鲜明、紧扣时代。
2. 设计师可适当运用夸张、比喻等设计手法。
3. 公益类招贴设计须有独特的创意及设计理念。
4. 要传达某种公益理念，呼吁公众关注某一社会问题。
5. 设计师要注重招贴的简洁性、宣传性。

任务2　设计商业广告

主题：为某国产品牌商品设计一系列商业海报

尺寸：成品 540 mm × 380 mm

分辨率：300 dpi

设计要求：

1. 商业广告立意要好，要明确商业主题。
2. 商业广告要符合产品的格调和受众对象。
3. 要充分体现商业广告性质，起到宣传产品的目的。
4. 商业广告的色彩要鲜明，要起到吸引消费者的作用。
5. 商业广告文字要尽量做到简单明了，篇幅短小精练。

参 考 文 献

[1] (日)Designing 编辑部，版式设计——日本平面设计师参考手册 [M]. 北京：人民邮电出版社，2011.

[2] (日) 日本奥博斯科编辑部. 配色设计原理 [M]. 北京：中国青年出版社，2009.

[3] (日) 田中久美子，原弘始，林晶子，等著. 版式设计原理 [M]. 暴凤明，译. 北京：中国青年出版社，2015.

[4] (日) 甲谷一. 版式设计原理 [M]. 景瑞琴，译. 上海：上海人民美术出版社，2019.

[5] (美) 金伯利·伊拉姆. 设计几何学 [M]. 上海：上海人民美术出版社，2018.

[6] (日) 佐佐木刚士，风日舍，田村浩. 跨平台的视觉设计：版式设计原理（全彩）[M]. 北京：电子工业出版社，2017.

[7] 红糖美学. 版式设计从入门到精通 [M]. 北京：水利水电出版社，2018.

[8] ArtTone 视觉研究中心. 版式设计从入门到精通 [M]. 北京：中国青年出版社，2012.

[9] (日) 佐佐木刚士. 版式设计全攻略 [M]. 北京：中国青年出版社，2010.

[10] (美) 金伯利·伊拉姆. 网格系统与版式设计 [M]. 上海：上海人民美术出版社，2018.

[11] (瑞士) 约瑟夫·米勒–布罗克曼. 平面设计中的网格系统 [M]. 徐宸熹，张鹏宇，译. 上海：上海人民美术出版社，2016.

[12] 左佐. 排版的风格（全彩）[M]. 北京：电子工业出版社，2019.

[13] ZCOOL 站酷. 设计中的逻辑（全彩）[M]. 北京：电子工业出版社，2017.

[14] 唐纳德·A.诺曼. 设计心理学 [M]. 北京：中信出版社，2016.

[15] (日) 印慈江久多衣. 版式力：提升版面设计的留白法则 [M]. 杨扬，译. 北京：中国青年出版社，2019.

[16] (日) 朝仓直巳. 艺术·设计的平面构成（修订版）[M]. 南京：江苏科学技术出版社，2018.

[17] 王受之. 世界平面设计史.2 版 [M]. 北京：中国青年出版社，2018.

[18] 殷智贤. 设计的修养：重新解读设计，换一个高度生活 [M]. 北京：中信出版社，2019.

[19] 宋刚. 版式设计——设计师必备宝典 [M]. 北京：清华大学出版社，2017.

[20] 陈根. 版式设计从入门到精通 [M]. 北京：化学工业出版社，2018.

[21] 麦克韦德. 超越平凡的平面设计——版式设计原理与应用 [M]. 北京：人民邮电出版社，2010.

[22] (日) 原弘始，林晶子，平本久美子，等. 版式设计原理·案例篇 [M]. 北京：人民邮电出版社，2020.

[23] (英) 加文·安布罗斯，保罗·哈里斯. 版式设计：设计师必知的 30 个黄金法则 [M]. 詹凯，李依妮，译. 北京：中国青年出版社，2020.

[24] 许舒云，李冰. 版式设计 [M]. 北京：清华大学出版社，2014.

[25] 陈高雅. 举一反十版式设计诀窍 [M]. 北京：北京理工大学出版社，2014.

[26] 张如画，李俊，吴昊. 版式设计 [M]. 北京：中国青年出版社，2019.

[27] 朱珺，毛勇梅. 字体与版式设计 [M]. 北京：中国轻工业出版社，2014.

[28] 贺鹏，谈洁，黄小蕾. 版式设计 [M]. 北京：中国青年出版社，2012.

[29] 张爱民. 版式设计 [M]. 北京：中国青年出版社，2019.

[30] 单筱秋. 版式设计 [M]. 南京：南京师范大学出版社，2020.

[31] 张大鲁. 版式设计基础与表现 [M]. 北京：中国纺织出版社，2018.

[32] 余岚. 版式设计 [M]. 重庆：重庆大学出版社，2012.

附 录

纸张尺寸

如今大多数的印刷品都遵循 DIN 系统标准，设计师也会建议使用这个标准中常用的纸张尺寸。主要有以下两个方面的原因：一方面，纸张生产商会长期储存这些规格的纸张，印刷厂也可以快速地订购；另一方面，印刷机和纸张切割机也有符合 DIN 系统的特定标准。信封的尺寸也有 DIN 标准，而且邮资规定等级也是部分基于 DIN 制定的。

如果使用 DIN 系统以外的尺寸，则需要造纸厂按照新尺寸另外生产，或者采用稍大的尺寸印刷并在后期裁切，这也意味着纸张的浪费。这两种方法都会增加产品成本。

DIN 系列纸张上一级纸张的尺寸总是下一级纸张的两倍。单张"全开纸"是每种尺寸的基本形式。将全开对折一次为"半张"或称为"对开"，即两张纸或 4 页；全开纸对折两次为"四开"，即四张纸或 8 页。标准尺寸的印刷品源自 A、B、C、D 四种系列。A 型纸是其他几种纸张型号的基础，B 型纸是纸张未裁切的尺寸，C 型纸是专为 A 型纸定制的信封尺寸，C 型纸和 D 型纸也被称为附加纸张型号。每种系列的尺寸如下：

A 型纸 =841 mm × 1 189 mm 或 33.1 in × 46.8 in

A 型纸的尺寸最为常见，由 ISO 216 定义。该标准源于德国标准化学会在 1992 年纳入的 Din 476。A 型纸从 A0 开始，将其沿长边对折，得到的每一半均为 A1 大小，继续沿长边对折即可得到 A2，以此类推。在印刷行业中，纸的克重常以 g/m^2 来计算，所以为了简化计算最大尺寸 A0 的面积被定义为 $1\ m^2$。

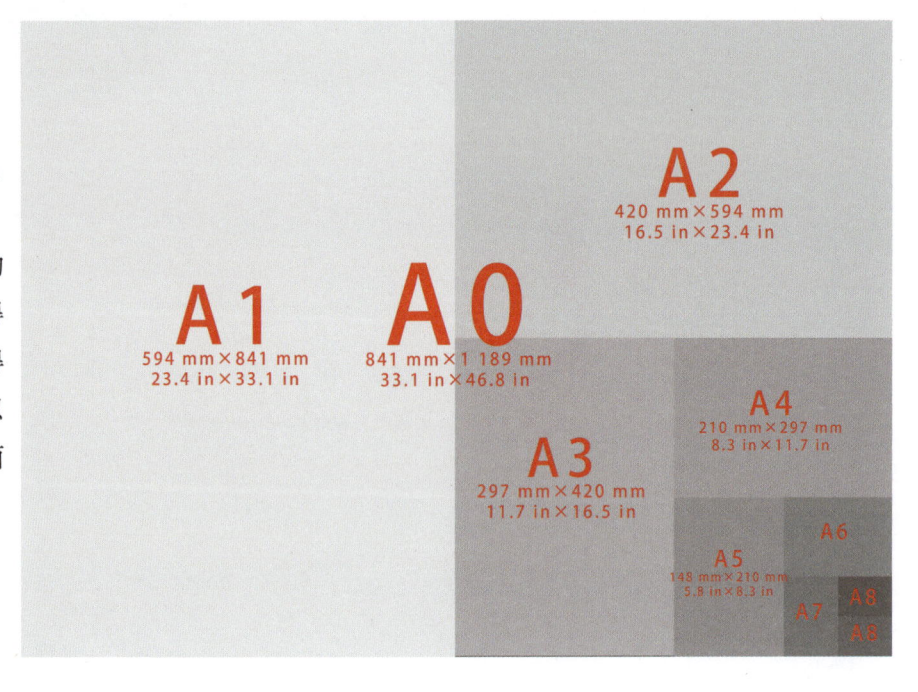

A2 420 mm × 594 mm 16.5 in × 23.4 in
A1 594 mm × 841 mm 23.4 in × 33.1 in
A0 841 mm × 1 189 mm 33.1 in × 46.8 in
A3 297 mm × 420 mm 11.7 in × 16.5 in
A4 210 mm × 297 mm 8.3 in × 11.7 in
A5 148 mm × 210 mm 5.8 in × 8.3 in
A6
A7
A8

B 型纸 =1 000 mm×1 414 mm 或 39.4 in×55.7 in

B 型纸的推出满足了更广泛的运用需求。B 型纸的纸张尺寸是 A 型纸相同编号与编号前一号的纸张尺寸的几何平均（乘积的开方），即 B1(0.707 m) 的尺寸是 A0(1 m) 和 A1(0.5 m) 的几何平均。该系列的纸常见于护照、信封和海报，其中 B5 常作为书籍的尺寸。C 型纸的信封可以放进用 B 型纸印刷的包装中。

B2 500 mm×707 mm 19.7 in×27.8 in

B1 707 mm×1 000 mm 27.8 in×39.4 in

B0 1 000 mm×1 414 mm 39.4 in×55.7 in

B4 250 mm×353 mm 9.8 in×13.9 in

B3 353 mm×500 mm 13.9 in×19.7 in

B5 176 mm×250 mm 6.9 in×9.8 in

B6

B7 B8 B8

C 型纸 =917 mm×1 297 mm 或 36.1 in×51.1 in。

C 型纸尺寸主要用于信封，即一张 A4 大小的纸张可以封好放进一个 C4 大小的信封；把 A4 纸张对折得到的 A5 可以刚好放进 C5 大小的信封。C 型纸张尺寸是相同编号的 A 型纸与 B 型纸尺寸的几何平均。A 型纸印刷品可以放进用 C 型纸印刷的信封中。

此外，还有一些特殊的纸张用来满足印刷中特定的长方形尺寸。美国标准纸的标准尺寸小于欧洲的标准，比如 A4 纸在欧洲的标准尺寸为 210 mm×297 mm，而在美国的标准尺寸则是 11 in×8.5 in，相当于 279.4 mm×215.7 mm。

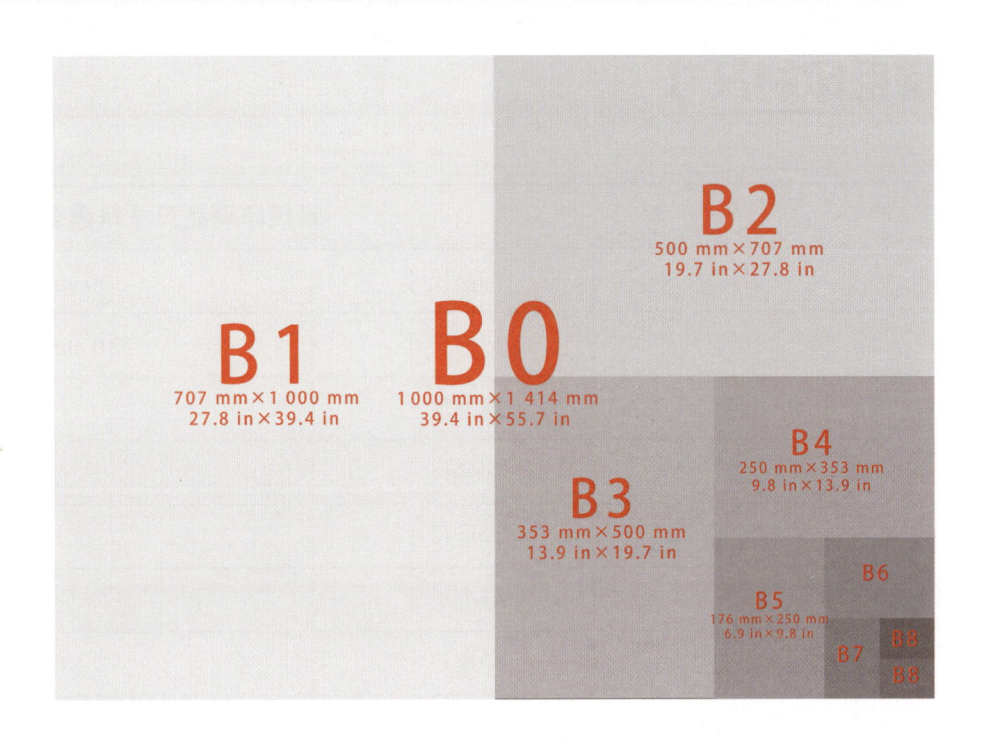

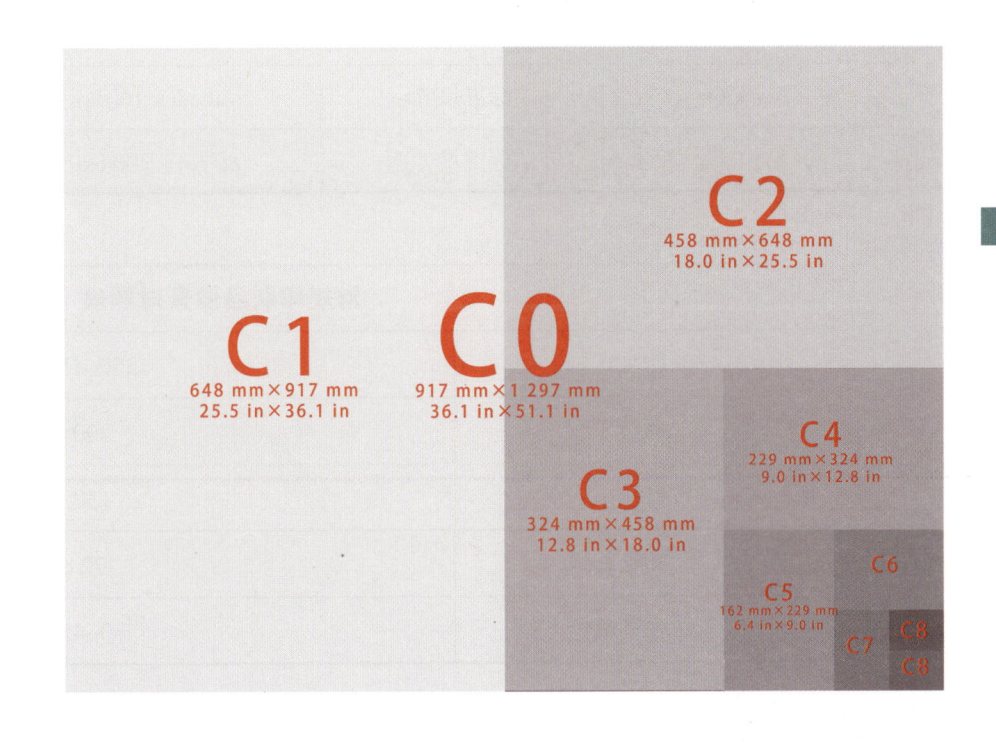

C2 458 mm×648 mm 18.0 in×25.5 in

C1 648 mm×917 mm 25.5 in×36.1 in

C0 917 mm×1 297 mm 36.1 in×51.1 in

C4 229 mm×324 mm 9.0 in×12.8 in

C3 324 mm×458 mm 12.8 in×18.0 in

C5 162 mm×229 mm 6.4 in×9.0 in

C6

C7 C8 C8

常用印刷尺寸

常规印刷品尺寸对照表

名片	标准尺寸	90 mm × 55 mm	90 mm × 50 mm	
三折页	标准尺寸	210 mm × 285 mm	95 mm × 210 mm	
画册	标准尺寸	210 mm × 285 mm		
文件封套	标准尺寸	220 mm × 305 mm		
招贴画	标准尺寸	540 mm × 380 mm		
挂旗	标准尺寸	376 mm × 265 mm		
手提袋	标准尺寸	400 mm × 285 mm × 80 mm		
信纸便条	标准尺寸	185 mm × 260 mm	210 mm × 285 mm	85 mm × 54 mm
海报	标准尺寸	42 cm × 57 cm	57 cm × 84 cm	60 cm × 90 cm（喷绘）
X 展架	标准尺寸	80 cm × 160 cm	80 cm × 180 cm	120 cm × 200 cm
易拉宝	标准尺寸	80 cm × 200 cm	120 cm × 200 cm	150 cm × 200 cm

常规印刷品像素对照表

精品印刷	350~450 dpi/in
彩板印刷	300 dpi/in
灯箱广告	150 dpi/in
喷绘相纸	72 dpi/in
户外喷绘	30~45 dpi/in

版式常见禁忌

● 1. "切腹"

"切腹"是报纸排版的一大禁忌,指的是一条细线贯穿画面左右。这会割断画面整体的文脉流动,使阅读难以顺利推进。画一条线可以提示上、下两部分是两个不同范畴,但如果线条贯通左右就会割断视线流程。缩短线的长度可以使上、下两部分变得连贯。文字横贯左右会影响阅读,所以要尽可能缩短文章的左右宽度,如果文字实在太长,就把它放到页面低端,这样便于阅读。

● 2. "泪别"

我们看杂志的时候,经常可以看到页末以句号作结。这就是所谓的"泪别"。如果文章还没有结束,最好不要让句号出现在这一页的最后,这会让观者误以为文章已经结束了。所以要尽量调整板式,不要让句号成为这一页最后一个字符。

与之类似的,就是将图片的说明放在离图片很远的位置,这样也会给观者的阅读带来不便,所以要尽可能避免。图片与说明离得很远,我们将其称为"断层"。观者更喜欢的是将说明放在图片旁边。设计所追求的理念就是阅读的便利性。

● 3. 填充过满

顾客总是希望一个版面里能囊括各种内容。但信息过多时,会让人感觉不到重点,无法达到设计的目的。我们通常将一个画面里信息过多的情况称为填充过满。填充过满的缺点就是完全没有空间的游刃感,会让观者觉得眼花缭乱,视线就会主动避开。所以设计师必须有效利用空白区域,适度精简内容,使版面便于阅读,让观者能接受到更多的信息。

● 4. 贴边

图片紧贴画面的下边缘,我们将其称为贴边。图片是具有一定重量感的,如果将其放在画面的下边缘,就会打破画面的平衡,让观者产生焦虑感。在视觉心理中,画面下缘犹如天地的地一样,既不能太轻也不能太重。想要避免贴边,可以将图片与下面文字的基准线对齐,或者将图片向上移动。这样就会产生空间节奏感,方便阅读。

● 5. 黑色是逃避色

当用黑色做背景色时,任何颜色都会变得醒目。黑色是无彩的,能够突出彩色。黑色总会给人很冷酷的感觉。但其实,我们通常是在不知道该选择哪种颜色的情况下才会选用黑色,是大家在逃避时做的选择。可以说,选黑色做底色的人,其实是不懂得修饰的人。

黑底会使眼睛产生疲劳感。从实用性角度来考虑,我们应该尽可能避开黑色。黑色可以使图片和文字更加醒目,但是这种强烈的颜色对比会给我们造成不少视觉压力。黑色随时随地都可以使用,但是我们很难找到与之搭配的彩色。黑底的对比效果太强,为了缓和对比度,我们可以提高画面亮度。

● 6. 框架过多

当一个设计版面内有多个类别的内容时，我们就要按不同类别对其进行分组。传单或者海报的分组不应超过三个。如果分组太多，视线就会被分散。当类别很难分组而人们又想突出强调某些内容时，就会应用很多的边框，可是边框一多，画面就会丧失统一性。视线很难流畅地推移下去。边框是为了突出内容的一种技法。在一个对页中，边框必须保证在三个以内，其实最好只用两个，这样才能发挥边框的效果，可以让繁杂的画面重归于宁静。

● 7. 跳读

平时阅读杂志时，经常会出现一张图片把文章隔断的情况。这时我们一般会跳到图片另一侧继续读，这种现象叫作跳读。在视觉心理中，人们一般会顺势将视线移向旁边的文字，而这种跳读现象是与之相悖的。也就是说，人们一般不会想到要越过图片去接着看文字。

文章中间插入图片，观者就需要越过图片才能读到下文，这时候视线就会受阻。移动图片，使文章连贯在一起，观者就可以连续不断地阅读。

● 8. 参差不齐

参差不齐是指海报、传单、杂志的标题跟正文首字母不对齐。在不正规的海报中，经常可以看到这种情况，但站前海报从来不会出现这个问题。

为什么不可以参差不齐呢？因为它既影响阅读又影响美感。在版面设计四技法中，有左对齐、居中、右对齐，但从来没有参差不齐，从这个角度来解释就很容易理解了。我们有时会想让标题和正文字母不对齐，但是这会使画面变得零乱没有美感，影响阅读。所以，我们应该尽量避免参差不齐，可以画一条基准线让画面整齐有序。如果对齐到左侧基准线，就是左对齐；对齐到中心线，就是居中。

● 9. 异常接近

版面设计的两大要素就是图画和文字，它们各自独立发挥着作用。图画是视觉交流工具，文字是知识交流工具。想要发挥二者的功能，必须使二者相对独立。文字跟图画过于接近，就会发生同化现象，难以辨认文字。图片和文字的距离不是绝对的，但最好保持在半个字符的宽度，就可以很好地分辨。

文字过于接近边框，也不方便阅读。另外，也会产生视觉心理上的压迫感，达不到美观的效果。所以文字跟边框也应该保持半个字符的距离。

● 10. 花样文字

文字主要是用来阅读的。如果要把它作为 Logo，可以进行一定的装饰，但是装饰过度也会影响可读性，我们称之为可读性的降低。文字不是装饰品，而是阅读工具，所以切忌装饰过度。不对文字进行加工处理的话，它就不会成为花样文字。要尽可能保持文字原有形态，如果一定要用花样文字的话，必须选择适合的字体。

● 11. "烟囱"

把图片拍成一个竖排，就叫"烟囱"。这样的设计乍一看可能会觉得很有统一感，但太过整齐也就失去了视觉刺激，会让观者感觉到乏味。所以应该尽量避免烟囱形。在版式设计中，应将图片略微错开，使之有一定的韵律，看上去就像波浪一样有动感。这种韵律感可以刺激大脑，使大脑变得兴奋。在一个合页中，竖排插入两行图片，就是所谓的烟囱，单调缺少刺激。目录中也应避免这种情况。将图片错开，打破直线状态，这就叫作打乱节奏。打乱节奏可以产生韵律感，使画面具有活力，也能让观者兴奋。

● 12. "侵入"

在页面下端强行塞入图片，叫作"侵入"。这样一来，图片上面一行文字的字数就会减少，使文章很不连贯，影响阅读。便于阅读永远是设计的基本理念。图片最好不要落到页面的下边缘（贴边），这样会让人觉得图片从画面中被甩了出来，无法融入画面。右下角的图片，就好像是在"侵入"文字。图片上边的几行只剩几个字，看起来很零碎，这样既不便于阅读，也无法使图片融入画面。稍微移动图片，将其放到中间，文章也会变得很紧凑，便于阅读。这样，图片也就成为画面构成的一大要素，能够很好地融入其中。

常用修改符号

常规修改符号对照表

编号	符号名称	符号形态	符号说明	用法示例
1	改正号		表明需要改正错误,把错误之处圈起来,再用引线引到空白处改正	提高水口质量(出)
2	删除号		表明删除掉	提高出口口质量
3	增补号		表明增补	搞好校工作(对)
4	对调号		表明调整颠倒的字、句位置。三曲线中间部分不调整	认真经验总结
5	转移号		表明词语位置的转移。将要转移的部分圈起,并画出引线指向转移部位	校对工作,提高质量重视
6	接排号		表明两行文字之间应接排,不需要另起一行	本应用文书,语言通畅,但个别之处
7	另起号		表明要另起一段。需要另起一段的地方用引线向左延伸到起段的位置	我们今年完成了任务。明年
8	移位号		表明移至箭头前直线的位置	北京印刷厂
9	排齐号		表明应排列整齐。在行列中不齐的字句上下或左右画出直线	提高质量 提高质量

字体字号

印刷字体尺寸对照表	字号与磅数尺寸对照表
3pt 字体 FONT	小六 6.5pt 字体 FONT
4pt 字体 FONT	六号 7.5pt 字体 FONT
5pt 字体 FONT	小五 9pt 字体 FONT
6pt 字体 FONT	五号 10.5pt 字体 FONT
7pt 字体 FONT	小四 12pt 字体 FONT
8pt 字体 FONT	四号 14pt 字体 FONT
9pt 字体 FONT	小三 15pt 字体 FONT
10pt 字体 FONT	三号 16pt 字体 FONT
11pt 字体 FONT	小二 18pt 字体 FONT
12pt 字体 FONT	二号 22pt 字体 FONT
13pt 字体 FONT	小一 24pt 字体 FONT
14pt 字体 FONT	一号 26pt 字体 FONT
15pt 字体 FONT	小初 36pt 字体 FONT
16pt 字体 FONT	
17pt 字体 FONT	
18pt 字体 FONT	
19pt 字体 FONT	
20pt 字体 FONT	
22pt 字体 FONT	
24pt 字体 FONT	
28pt 字体 FONT	
30pt 字体 FONT	

字体字号

印刷字体点数对照表

版式设计 Design 6点
版式设计 Design 8点
版式设计 Design 10点
版式设计 Design 12点
版式设计 Design 14点
版式设计 Design 16点
版式设计 Design 18点
版式设计 Design 20点
版式设计 Design 22点
版式设计 Design 24点
版式设计 Design 26点
版式设计 Design 28点
版式设计 Design 30点
版式设计 Design 36点
版式设计 Design 42点

常用字体表

方正准圆简体	华康简仿宋	全新硬笔行书简	文鼎CS仿宋体	文鼎行楷碑体	薛文轩钢笔楷体
方正邢体草书繁体	华康简黑	全新硬笔楷书简	文鼎CS行楷	文鼎龙爪字体	叶根友奥运字体
方正邢体草书简体	华康简楷	全新硬笔隶书简	文鼎CS楷体	文鼎书聘楷	叶根友毛笔行书
方正綜藝繁體	华康简宋	书体坊安景臣钢笔行书	文鼎CS书宋二	文鼎娃娃体	长城报宋体
方正综艺简体	华康简魏碑	书体坊郭小语钢笔楷体	文鼎CS舒同体	文鼎石头体	长城粗行楷体
仿宋	华康简综艺	书体坊兰亭体	文鼎CS魏碑	文鼎书宋简	长城粗隶书体
汉仪旗黑	华康楷体	书体坊米芾体	文鼎CS细等线	文鼎特粗黑简	长城粗圆体
汉仪娃娃篆简	华康勘亭流	书体坊王学勤钢笔行书	文鼎CS长美黑	文鼎特粗宋简	长城大标宋体
汉仪丫丫简体	华康俪金黑	书体坊雪征体3500	文鼎CS长宋	文鼎特粗圆简	长城大黑体
汉仪中黑简	华康龙门石碑	书体坊硬笔行书3500	文鼎CS中等线	文鼎细仿宋简	长城仿宋体
汉真广标	华康少女文字	书体坊赵九江钢笔行书	文鼎CS中黑	文鼎细圆简	长城行楷体
行楷体	华文行楷	宋体	文鼎CS中宋	文鼎香肠体	长城行书体
黑体	楷体	苏新诗鼠标行书简	文鼎报宋简	文鼎潇洒体	长城黑宋体
胡晓波男人帮简体	李旭科毛笔行书	条幅黑体	文鼎齿轮体	文鼎小标宋简	长城黑体
华康标题宋	隶书体	微软简行楷	文鼎粗行楷简	文鼎艺新体简	长城楷体
华康布丁体	良怀行书	微软简隶书	文鼎粗黑简	文鼎中行书简	长城美黑体
华康仿宋体	梁秋生书法字体	微软雅黑	文鼎粗圆简	文鼎中楷简	长城新艺体
华康海报体	落雁体	文鼎CS大黑	文鼎大标宋简	文鼎中隶简	长城中行书体
华康黑体W12	迷你简葵心	文鼎CS大隶书	文鼎弹簧体	文鼎中特广告体	中山行书百年纪念版
华康简标题宋	庞中华简体	文鼎CS大宋	文鼎雕刻体	新宋体	方萌体

附录

常用字体表

百度综艺简体	方正超粗黑简体	方正黑体简体	方正隶书简体	方正舒体简体	方正细珊瑚简体
毛泽东毛泽东字体	方正粗黑繁體	方正琥珀繁體	方正流行体繁体	方正水黑繁體	方正細圓繁體
陈继世——怪怪体	方正粗活意繁體	方正琥珀简体	方正流行体简体	方正水黑简体	方正细圆简体
创意繁标宋	方正粗活意简体	方正華隸簡體	方正美黑繁體	方正水柱繁體	方正祥隸繁體
创意繁超黑	方正粗倩繁體	方正姚草简体	方正美黑简体	方正水柱简体	方正小標宋繁體
创意繁粗圆	方正粗倩简体	方正剪紙繁體	方正胖头鱼简体	方正宋黑繁體	方正小标宋简体
创意繁仿宋	方正粗宋繁體	方正剪纸简体	方正胖娃繁體	方正宋黑简体	方正小标宋繁體
创意简标宋	方正粗宋简体	方正静蕾简体	方正胖娃简体	方正宋三简体	方正新报宋简体
创意简粗黑	方正粗圆繁體	方正卡通繁體	方正平和繁體	方正宋一繁體	方正新書宋繁體
创意简仿宋	方正粗圆简体	方正卡通简体	方正平和简体	方正宋一简体	方正新書體繁體
粗标宋体	方正大標宋繁體	方正楷體繁體	方正平黑繁體	方正鐵筋隸書繁體	方正新舒体简体
粗黑体	方正大标宋简体	方正楷体简体	方正启體繁體	方正铁筋隶书简体	方正新秀麗繁體
冬青黑体简体	方正大草简体	方正康粗繁體	方正启体简体	方正魏碑繁體	方正幼綾繁體
方正报宋繁體	方正大黑繁體	方正康体简体	方正少兒繁體	方正魏碑简体	方正稚藝繁體
方正报宋简体	方正大黑简体	方正兰亭超细黑简体	方正少儿简体	方正细等线简体	方正稚艺简体
方正北魏楷書繁體	方正仿宋繁體	方正隸變繁體	方正瘦金書繁體	方正细黑一繁體	方正中等线简体
方正北魏楷书简体	方正仿宋简体	方正隶变简体	方正瘦金书简体	方正细黑一简体	方正中楷繁體
方正彩云繁體	方正古隸繁體	方正隸二繁體	方正書宋繁體	方正细倩繁體	方正中倩繁體
方正彩云简体	方正古隸简体	方正隶二简体	方正书宋简体	方正细倩简体	方正中倩简体
方正超粗黑繁體	方正黑體繁體	方正隸書繁體	方正舒體繁體	方正細珊瑚繁體	方正準圓繁體